Deep Seek
实战应用一本通

杜利明　王凤英　郭文艳　著

天津出版传媒集团
天津科学技术出版社

图书在版编目（CIP）数据

DeepSeek实战应用一本通 / 杜利明，王凤英，郭文艳著． -- 天津：天津科学技术出版社，2025．4．
ISBN 978-7-5742-2857-3

Ⅰ．TP18

中国国家版本馆CIP数据核字第20258UA617号

DeepSeek实战应用一本通
DeepSeek SHIZHAN YINGYONG YIBENTONG

责任编辑：马妍吉

出　　版：	天津出版传媒集团 天津科学技术出版社
地　　址：	天津市西康路35号
邮　　编：	300051
电　　话：	（022）23332695
网　　址：	www.tjkjcbs.com.cn
发　　行：	新华书店经销
印　　刷：	天宇万达印刷有限公司

开本 670×950　1/16　印张 11　字数 150 000
2025年4月第1版第1次印刷
定价：49.80元

前言 PREFACE

在科技快速发展的当下，人工智能（AI）正在全方位重塑生活。从智能家居到自动驾驶，从智能医疗到金融科技，AI已融入人们生活的方方面面。2024年12月，DeepSeek-V3凭借卓越性能、开源策略及市场需求，一经发布便迅速走红。本书将全方位揭秘DeepSeek的魅力，涵盖基础认知、使用技巧，以及在学术、职场、新媒体、商业营销与日常生活等领域的应用，为读者呈上实用全面的操作指南。

本书共分8章，各章内容介绍如下。

第1章引领读者踏入DeepSeek的世界，解锁AI新境界，通过介绍下载方式与基础功能，帮助读者初步认识DeepSeek。

第2章深入探讨DeepSeek的使用技巧，从明确提问需求、验证与修正信息，到尝试多次交流、指定输出格式，再到构建专属知识库与多模态交互，助力读者高效运用DeepSeek。

第3章聚焦学习与研究，阐述DeepSeek在论文选题、读书笔记、文本翻译、编写代码、智能解题等方面的应用，帮助读者轻松应对学习、研究方面的挑战。

第4章着眼教育领域，介绍如何借助DeepSeek制订教学计划、编写教案、分析学情、设计作业等，推动教育智能化、个性化。

第5章聚焦职场写作，涵盖完善求职简历、发布招聘海报、整理会议纪要、制作述职报告PPT等，引领读者利用DeepSeek打造高质量职场文档，提升职业竞争力。

第6章深入新媒体创作领域，讲解DeepSeek从撰写新闻稿件、编写社交媒体文案，到辅助绘制图片、制作视频等，为新媒体创作者提供的灵感与帮助。

第7章着眼商业活动领域，介绍DeepSeek在调研分析市场、撰写营销文案、分析竞争对手、策划促销活动等方面的应用，让商业营销更精准高效。

第8章回归日常生活，展现DeepSeek作为生活助手的多面性。从健康养生、家居布置、旅游攻略、理财投资，到个人形象打造、日程安排、美食烹饪、宠物养护等，DeepSeek都可以为读者提供全面且实用的建议。

读者翻开本书潜心研读，可从多角度领略DeepSeek的强大功能，洞悉其广泛的应用场景，熟练掌握各类功能的使用技巧。这些收获能帮助读者在实际工作中灵活运用DeepSeek，显著提升工作效率，优化创作质量。我们由衷期望，DeepSeek不只是读者工作中的得力伙伴，更能融入读者的日常生活，为读者带来便捷与乐趣。让我们携手同行，深度挖掘DeepSeek蕴藏的无限潜能，共同开启智能领域的全新征程！

本书中的案例图片在撰写时由DeepSeek及其配套软件生成。AI技术虽然发展迅速，但仍有其局限性，图中文字可能存在一些不准确的地方，并且，不同的人在实际操作中得到的结果也可能会存在一定的差异。建议读者以书中提供的方法为基础，辩证看待DeepSeek所生成的结果。

鉴于作者学识与能力有限，书中所阐述的使用技巧及写作方法，恐有考虑不周、存在瑕疵之处。在此，诚望广大读者与业界专家不吝批评指正。

目录
CONTENTS

第1章 走进DeepSeek：解锁AI新境界

1.1 什么是DeepSeek ... 002
1.2 拥抱DeepSeek伙伴 ... 004
1.3 DeepSeek功能详解 ... 011

第2章 掌握DeepSeek使用技巧

2.1 明确提问需求 ... 014
2.2 验证与修正信息 ... 015
2.3 尝试多次交流 ... 016
2.4 指定输出格式 ... 017
2.5 构建专属知识库 ... 018
2.6 多模态交互 ... 018

第3章　高效学习与研究助手

- 3.1　推荐论文选题　　020
- 3.2　生成论文大纲　　023
- 3.3　润色论文　　025
- 3.4　总结归纳文献　　028
- 3.5　撰写实习报告　　031
- 3.6　整理读书笔记　　034
- 3.7　撰写课题申报书　　037
- 3.8　文本翻译　　040
- 3.9　纠错编辑　　044
- 3.10　数据分析　　046
- 3.11　绘制图表　　050
- 3.12　编写代码　　052
- 3.13　智能解题　　056

第4章　教师的智能好帮手

- 4.1　制订教学计划　　060
- 4.2　编写教案　　062
- 4.3　分析教学重难点　　065
- 4.4　分析学情　　067
- 4.5　设计作业　　070

4.6	整理教学资源	072
4.7	编写教师培训方案	074

第5章　开拓职场写作新视野

5.1	完善求职简历	078
5.2	辅助设计招聘海报	082
5.3	整理会议纪要	085
5.4	撰写商务信函	088
5.5	撰写行业分析报告	090
5.6	撰写商业计划书	093
5.7	辅助制作述职报告PPT	095

第6章　新媒体创作智慧引擎

6.1	撰写新闻稿件	102
6.2	撰写博客与专栏文章	104
6.3	编写社交媒体文案	106
6.4	编写产品广告文案	110
6.5	辅助绘制图片	112
6.6	辅助制作视频	116
6.7	辅助创作音乐	118
6.8	辅助制作故事动画	120

第7章 高效赋能商业活动

7.1	调研分析市场	126
7.2	撰写产品测评文案	129
7.3	撰写营销方案	131
7.4	撰写定价方案	134
7.5	分析竞争对手	137
7.6	策划促销活动	140
7.7	管理客户关系	144

第8章 随行生活百事通

8.1	制订健康养生计划	148
8.2	辅助布置家居	151
8.3	制作旅游攻略	154
8.4	辅助投资理财	157
8.5	打造个人形象	160
8.6	安排生活日程	162
8.7	制作美食菜谱	164
8.8	编写宠物养护手册	166

第1章
走进 DeepSeek：解锁AI新境界

1.1 什么是DeepSeek

杭州深度求索人工智能基础技术研究有限公司（DeepSeek）是一家专注于开源大型语言模型研发与应用的中国人工智能企业，成立于2023年，主要研究方向聚焦于大型语言模型的开发与优化，涵盖了模型架构设计、算法创新、训练效率提升以及模型压缩等多个维度。同时，"DeepSeek"也是该公司开发的大语言模型的统称。如今，DeepSeek正逐步构建起一个开放、协同的大型语言模型生态系统，为全球AI技术的发展贡献力量。

1.1.1 了解DeepSeek大语言模型

目前，用户在使用DeepSeek时，常用的是DeepSeek-V3基础模型、DeepSeek-R1模型和联网搜索模式。

DeepSeek-V3是一款指令模型，擅长处理日常问答、文本生成、信息查询等基础任务，在翻译、写作、科普解释等多个领域也有出色的表现。无论是需要快速生成一篇报告，还是解答日常生活中的小问题，或是进行跨语言的沟通，DeepSeek-V3都能凭借其强大的自然语言处理能力、简洁明了的操作界面和快速的响应速度，轻松胜任并给出令人满意的答复。

相比之下，DeepSeek-R1则以其独特的推理能力和全透明的思维链展示，为用户带来了全新的AI体验。DeepSeek-R1有别于市面上常见的AI工具，能够深入剖析复杂问题，通过一步步的逻辑推导，将推理过程完整地呈现在用户面前。虽然DeepSeek-R1的响应速度较慢，尤其是在处理高度复杂的问题时，可能需要2~3分钟的思考时间，但它在处理专业性强、逻辑复杂的问题时，如数学难题、代码调试、逻辑推理等方面表现非常出色。该模型比较适合学术研究或技术开发领域，为科研人员和技术人员提供强有力的支持。

联网搜索模式依托于先进的RAG（Retrieval Augmented Generation，检索增强生成）技术，该技术能够实时从互联网上检索并整合最新的数据和信息，为用户提供准确、及时的回答。DeepSeek所提供的模型基础语料库内容的训练时间截至2023年12月，若用户查询或讨论的内容涉及2023年12月以后的知识，则需要开启DeepSeek联网搜索功能。

1.1.2　认识DeepSeek界面

DeepSeek界面设计简洁明了，便于用户快速上手和高效使用，如图1-1所示。

图1-1

其主界面主要包含以下模块。

对话框：用户可以在此输入问题或指令，点击右下角的发送按钮（向上箭头图标）即可与DeepSeek进行交互。其界面类似于微信等即时通讯软件的聊天界面，使得用户能够以一种自然、直观的方式与DeepSeek进行沟通。

功能菜单：位于界面的左侧，包含"开启新对话"和"历史记录"，帮助用户管理对话和查询历史。

深度思考（R1）：位于对话框的左下方，当用户面对复杂问题或需要深入分析时，可以点击此命令切换到DeepSeek-R1模型。在该模式下，DeepSeek会提供更详细、更深入的回答，并列出思考过程，帮助用户更好地理解问题。

联网搜索：位于对话框的左下方，点击此命令，DeepSeek即可实时访问互联网，获取最新的信息。这对于需要参考最新数据或新闻的用户来说非常有用。

上传附件：位于对话框的右下方（回形针图标），此功能支持用户上传自己的文件，如文档、图片等，以供DeepSeek进行分析或参考。这为用户提供了一个更加灵活和个性化的交互方式。需要注意的是，联网搜索时不支持上传附件。

1.2 拥抱DeepSeek伙伴

DeepSeek支持用户通过网页版、移动端及本地部署等方式进行访问和使用。

1.2.1 网页版注册及登录

在浏览器中输入网址"https://www.deepseek.com"，即可打开DeepSeek官网首页，如图1-2所示。点击左下角的"开始对话"，系统会自动跳转到注册登录界面，如图1-3所示。按照提示输入常用手机号码及收到的验证码，勾选"我已阅读并同意用户协议与隐私政策，未注册的手机号将自动注册"，然后单击"登录"即可在网页上使用DeepSeek。

图1-2

图1-3

1.2.2 移动端下载及注册

想要在移动端使用DeepSeek，需要在应用商店下载该App。具体步骤为：打开手机应用商店，搜索"DeepSeek"，按照指引下载并安装。值得一提的是，用户可以使用与登录网页版DeepSeek时相同的手机号码进行移动端登录操作，从而实现不同平台同步历史记录。移动端DeepSeek首页界面如图1-4所示，设计直观简洁，内置功能与网页版完全一致，可以确保在不同设备上获得一致的使用体验。

图1-4

1.2.3 DeepSeek本地部署

DeepSeek本地部署是对电脑配置要求极高的一项任务，通常需要搭载高性能的服务器级处理器、大容量内存、高速固态硬盘以及具备强大计算能力的显卡。此外，还需安装并配置相应的软件和库，如Ollama框架和Python环境等。本地部署主要适用于对数据安全和隐私有极高要求，或需要定制化功能和高度控制权的组织。这一过程较为复杂，需要一定的技术基础。

本地部署具体包括下载并安装Ollama程序，选择并复制DeepSeek模型命令行，在命令行窗口中运行模型，并安装必要的插件以确保正常运行，步骤如下。

1. 步骤一：安装Ollama程序

在浏览器中输入Ollama官网地址"https://ollama.com"，点击"Download↓"，选择操作系统进行下载，如图1-5所示。如果官方网站下载速度较慢，可以使用第三方进行下载。下载完成后，双击安装包，点击"Install"进行安装，如图1-6所示。注意，Ollama程序默认安装在C盘。

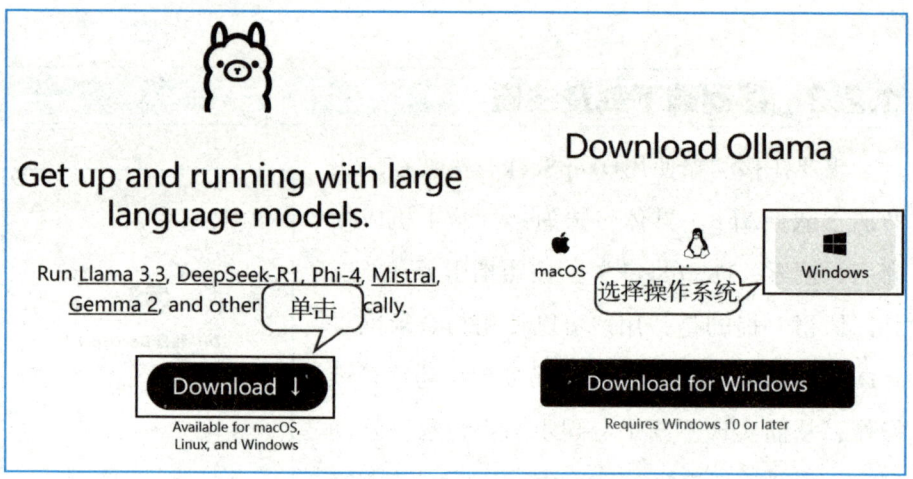

图1-5

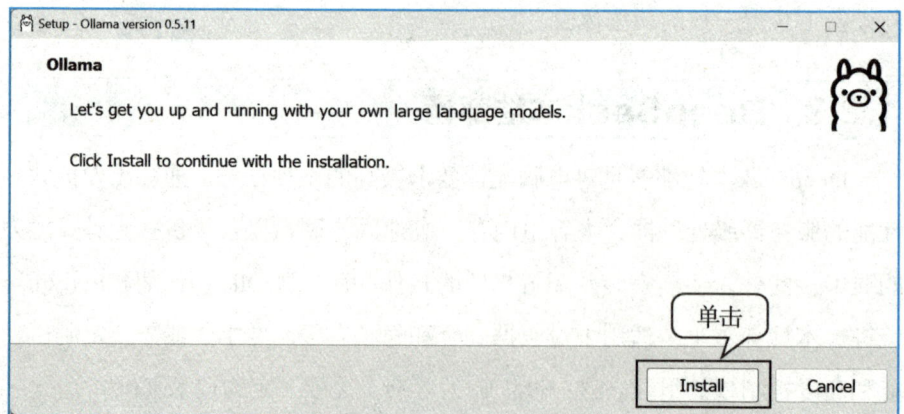

图1-6

2. 步骤二：下载DeepSeek-R1模型

在Ollama官网首页，点击"Models"进入模型界面，选择"deepseek-r1"，如图1-7所示。

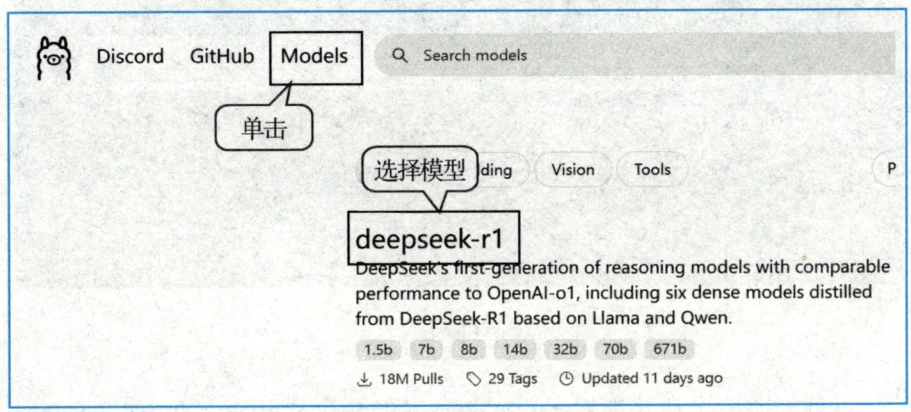

图1-7

选择与电脑配置匹配的模型版本，个人用户可以选择7b版本，然后复制右侧对应模型版本的命令，如图1-8所示。

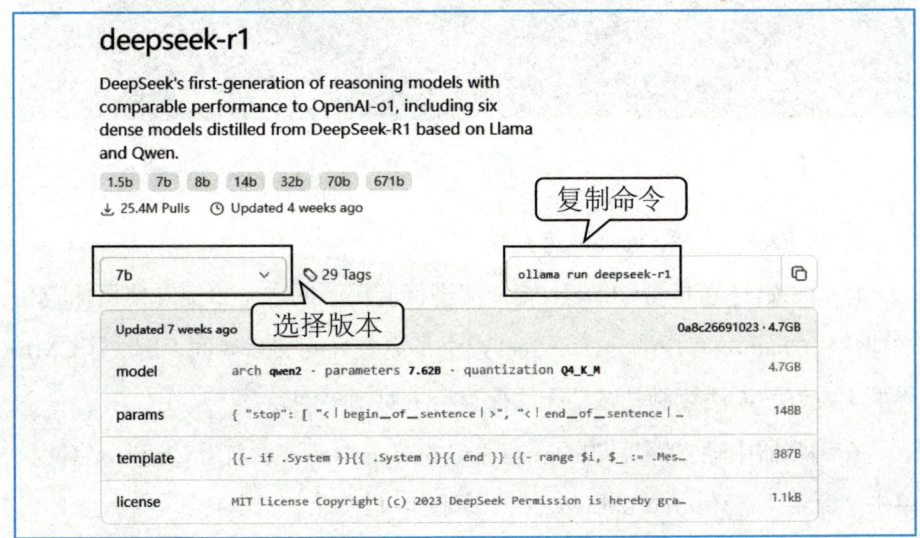

图1-8

以管理员身份打开CMD命令框终端,将复制的命令修改为"ollama pull deepseek-r1:7b"粘贴在终端,按"Enter"键进行下载,如图1-9所示。

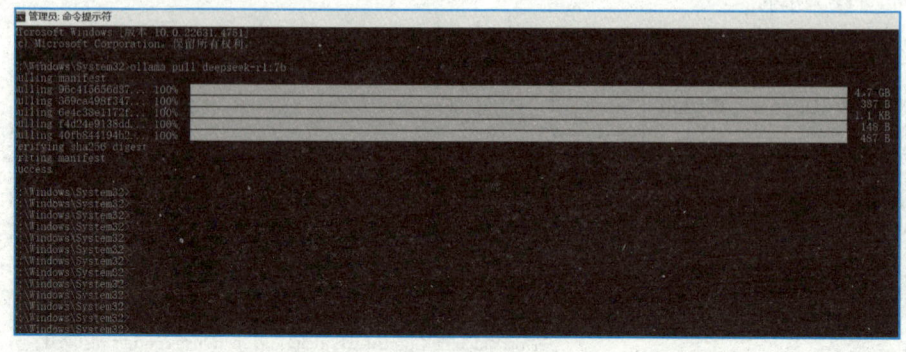

图1-9

下载完成后,在终端输入对应版本号的命令"ollama run deepseek-r1:7b",即可启动模型开启对话,如图1-10所示。

图1-10

3. 步骤三:使用Chatbox客户端

DeepSeek还可搭载Chatbox客户端进行使用,以进一步提升使用体验和便捷性。Chatbox客户端为DeepSeek提供了更友好的交互界面,解决了CMD界面不友好、无法复制粘贴、无法保存历史对话等问题。

在浏览器中输入网址"https://chatboxai.app/zh",打开Chatbox官网,单击"免费下载(for Windows)",如图1-11所示。

图1-11

下载完成后，双击安装包，弹出如图1-12所示界面，点击"下一步（N）>"。然后，选择安装路径，单击"安装（I）"即可，如图1-13所示。

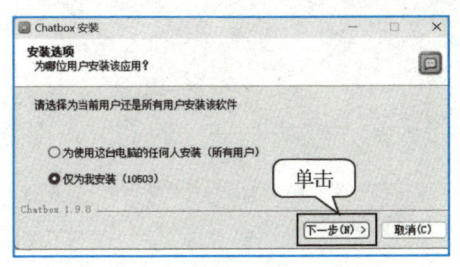

图1-12

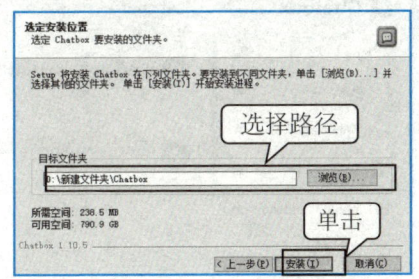

图1-13

启动Chatbox客户端，单击"设置"，在弹出的页面中选择模型提供方为"OLLAMA API"，选择模型为"deepseek-r1:7b"，再单击"保存"，如图1-14所示。之后就可以开始和AI对话了，如图1-15所示。

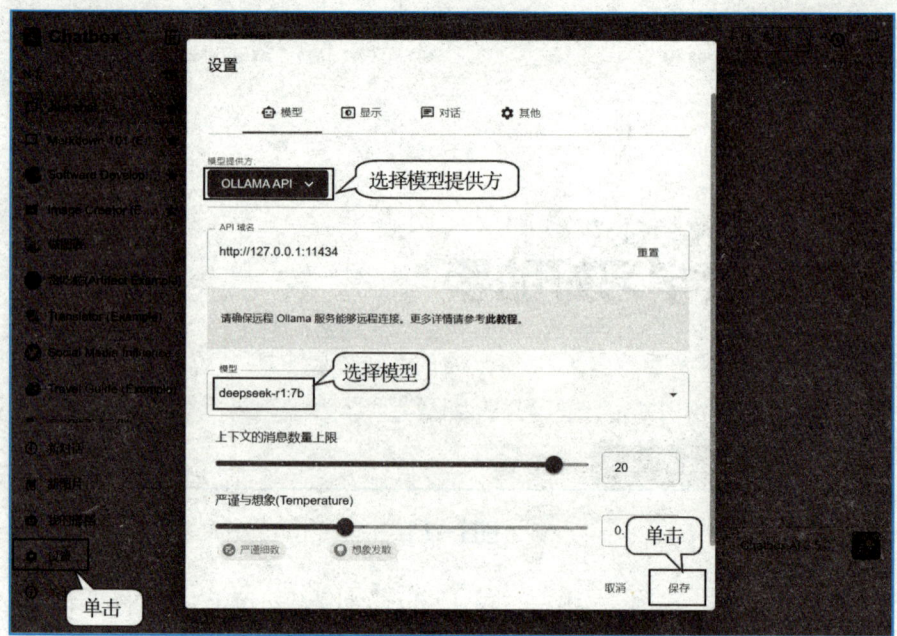

图1-14

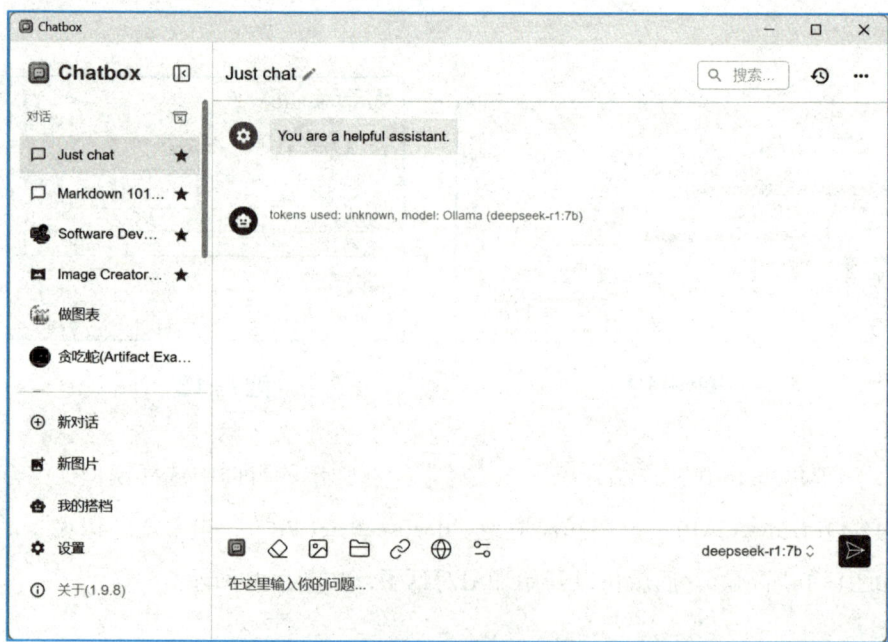

图1-15

1.3 DeepSeek功能详解

1. 智能对话

DeepSeek的智能对话功能是其核心亮点之一。该功能通过自然语言处理技术，使用户能够以自然语言的方式与DeepSeek进行交互，快速获取所需信息或解答问题。无论是学术知识、技术问题，还是生活常识、推理计算，DeepSeek都能给出清晰、准确的答案。例如，用户向DeepSeek提问："我国面积有多大？"DeepSeek会给出清晰明确的答案"约为960万平方公里"，并说明这个数字只包括所有的陆地面积和内陆水域面积，但不包括领海面积，且会进一步补充我国国土面积在世界上的排名等相关知识点。

2. 创意写作

DeepSeek能够基于用户提供的主题或关键词，从零开始生成创意内容，包括学术论文、小说、诗歌、剧本等多种文体。用户只需简单描述需求，如主题、风格、目标人群等，DeepSeek便能迅速生成符合要求的初稿。此外，DeepSeek还可提供续写、扩写功能，能够根据用户提供的开头或部分内容，进一步拓展和完善文本。这一功能不仅极大地激发了用户的创作灵感，还显著提高了写作效率，使得创作过程更加轻松、有趣。

3. 文本翻译

DeepSeek支持多种语言之间的即时互译，包括但不限于英语、汉语、法语、德语等。用户只需将待翻译的文本输入DeepSeek对话框，规定目标语言，即可迅速获得准确、流畅的译文。DeepSeek的翻译引擎经过深度学习和优化，能够处理复杂的语言结构和语境，确保翻译结果既忠实于原文，又符合目标语言的表达习惯。这一功能不仅打破了语言障碍，还促进了全球信息的无障碍流通。

4. 高效编程

DeepSeek能够根据用户的需求描述或伪代码，自动生成高质量的代码片段或完整程序。无论是简单的算法实现，还是复杂的软件项目开发，DeepSeek都能提供智能化的编写建议，帮助用户快速构建功能模块。此外，它还能检测代码中的潜在错误，提供优化建议，确保代码的高效性和可靠性。对于编程初学者而言，DeepSeek的编写代码功能更是一个强大的学习助手，能够帮助他们更好地理解编程逻辑，提升编程技能。

5. 数据分析

DeepSeek可以通过先进的算法和技术，挖掘数据中的隐藏模式、趋势和关联。用户可以利用DeepSeek进行数据清洗、预处理、统计分析、机器学习模型训练等一系列操作，以获取有价值的信息和见解。此外，DeepSeek还提供直观的数据可视化功能，将复杂的数据转化为易于理解的图表和报告，帮助用户更好地把握数据特征和趋势。无论是商业分析、市场调研，还是科学研究，DeepSeek的数据分析功能都能提供有力的支持。

6. 文件解读

DeepSeek支持多种格式的文件导入，包括但不限于PDF、Excel、CSV等，能够智能识别并提取文件中的关键信息。无论是冗长的报告、复杂的表格，还是图片中的文字内容，DeepSeek都能快速解读并将其结构化呈现，帮助用户迅速掌握核心内容。此外，DeepSeek还支持多语言文件解读，打破了语言障碍，使得全球各地的信息都能被轻松理解和利用。

7. 智能解题

DeepSeek的深度思考模式能够针对用户提出的数学问题、逻辑推理、编程挑战等多种类型的题目，提供详细、准确的解题步骤和答案。通过深度学习和自然语言处理技术，DeepSeek能够理解题目的复杂性和联系上下文，确保解题过程的准确性和逻辑性。无论是学生遇到的学习难题，还是专业人士在工作中遇到的挑战，DeepSeek都能提供及时的解题帮助，提高解题效率，助力用户在学习和工作中取得更好的成绩。

第2章 掌握 DeepSeek 使用技巧

2.1 明确提问需求

在使用DeepSeek的过程中用户需要清晰地表述自己想要解决的问题或获取的信息，避免下达模糊或笼统的指令。具体来说，用户应尽量使用简洁、具体的语言来描述问题，同时提供足够的信息细节，以便DeepSeek能够准确理解用户的意图。例如，不要只是说"帮我写一篇文章"，而是可以采用类似"请帮我写一篇关于图书情报领域的文章，重点分析目前智慧图书馆研究重点问题，并提供数据支持"这样的提问方式，DeepSeek的部分回答如图2-1所示。

> 请帮我写一篇关于图书情报领域的文章，重点分析目前智慧图书馆研究重点问题，并提供数据支持
>
> 已深度思考（用时25秒）
>
> 以下是一篇关于图书情报领域智慧图书馆研究的分析文章，结合研究热点与数据支持：
>
> **智慧图书馆研究热点与挑战：数据驱动的视角**
> **引言**
> 随着人工智能、物联网、大数据等技术的快速发展，智慧图书馆已成为图书情报领域的核心研究方向。根据国际图联（IFLA）2023年发布的报告，全球超过65%的图书馆正在或计划推进智慧化转型。本文结合最新研究文献与行业数据，分析智慧图书馆的研究重点及现存问题。
>
> **一、当前智慧图书馆的研究重点**
> **1. 技术驱动的基础设施升级**
> - **研究焦点：**
>   - 物联网（IoT）在图书馆空间管理中的应用（如智能书架、环境监测）
>   - 人工智能（AI）支持的文献检索与知识推荐系统
>   - 区块链技术应用于数字资源版权保护
> - **数据支持：**

图2-1

此外，用户还可以指定输出格式、字数、风格等要求，以缩短后期调整的时间。要学会使用关键词，在提问时直接标注核心需求，如"总结""对

比""分步骤"等。这有助于DeepSeek更准确地理解用户的意图。例如，在DeepSeek的对话框中输入"请依次回答：1）图书情报领域研究重点；2）目前的研究情况；3）未来十年的发展趋势"，点击发送按钮，DeepSeek的部分回答如图2-2所示。

请依次回答：1）图书情报领域研究重点；2）目前的研究情况；3）未来十年的发展趋势

以下是图书情报领域的研究重点、现状及未来十年发展趋势的详细分析：

1. 图书情报领域研究重点

图书情报领域的研究重点主要集中在以下几个方面：

（1）智慧图书馆与数字化转型

- 研究如何利用人工智能、大数据、物联网等技术提升图书馆服务效率。
- 关注数字资源的采集、存储、管理与长期保存。

2. 目前的研究情况

（1）智慧图书馆建设取得显著进展

- 全球范围内，超过**65%**的图书馆已开始智慧化转型（IFLA, 2023）。
- 中国高校图书馆中，**87%**已部署RFID智能借还系统（教育部，2022）。

图2-2

2.2 验证与修正信息

　　对关键数据、结论进行交叉验证是确保信息准确性和可靠性的重要步骤，用户需要对照权威资料、官方数据或专业工具来检查DeepSeek给出的答案是否正确。例如，DeepSeek提供了一条关于历史事件的时间线，用户应该参考历史书籍、学术论文或在线历史资料库来验证这条时间线的正确性。之后再进行迭代优化，根据DeepSeek的回答质量追加限定条件，或指出回答中的错误并要求调整。如可以采用类似"上一回答中提到的'唐朝开国时间'与实际日期不符，请重新核实"这样的句式，让DeepSeek对自己的回答进行查证并修改。

2.3 尝试多次交流

与DeepSeek进行多轮对话，是提升信息获取效率和准确性的关键技巧。DeepSeek允许用户基于上一轮的回答进行追问、修正和补充信息，从而逐步深入话题，输出更精确和全面的答案。假设一名用户想要了解人工智能在医疗领域的应用，可以先向DeepSeek提问："人工智能在医疗领域有哪些主要应用？"DeepSeek可能会回答一些常见的应用场景，如疾病诊断、个性化治疗等。这时，用户可以继续追问："在疾病诊断方面，人工智能具体是如何实现的？"这样，DeepSeek就能提供更深入、具体的回答，可能包括使用的技术、算法及实际案例等，如图2-3所示。

> 人工智能在医疗领域有哪些主要应用？

人工智能（AI）在医疗领域的应用广泛且深入，正在显著改变医疗服务的提供方式。以下是人工智能在医疗领域的主要应用：

1. 疾病诊断
- **影像分析**：AI可以分析医学影像（如X光、CT、MRI），帮助医生更快速、准确地诊断疾病，如癌症、骨折等。
- **病理诊断**：AI可以辅助病理学家分析组织样本，提高诊断的准确性和效率。

2. 个性化治疗
- **精准医疗**：AI可以根据患者的基因、生活方式和病史，提供个性化的治疗方案。
- **药物反应预测**：AI可以预测患者对特定药物的反应，帮助医生选择最有效的治疗方法。

> 在疾病诊断方面，人工智能具体是如何实现的？

在疾病诊断方面，人工智能（AI）通过多种技术和方法实现高效、精准的诊断。以下是AI在疾病诊断中的具体实现方式：

1. 医学影像分析
- **图像识别**：AI通过深度学习算法（如卷积神经网络，CNN）分析医学影像（如X光、CT、MRI、超声波等），识别病变区域。
  - 癌症检测：AI可以识别早期肺癌、乳腺癌、皮肤癌等。
  - 骨折检测：AI可以快速识别X光片中的骨折部位。

图2-3

通过这种方式，用户不仅能获得更全面、深入的信息，还能逐步明确自己的需求，确保DeepSeek的回答始终贴合期望。同时，也避免了重复提问和无效沟通，提高了信息获取的效率。

2.4 指定输出格式

在向DeepSeek提问时，用户可以明确自己需要的输出格式。DeepSeek支持多种输出格式，如文本、表格、Markdown、JSON、CSV等。用户可以根据自己的需求选择合适的格式，并在问题中明确指出。例如，一名用户需要一份关于不同编程语言优缺点的对比表格，可以这样提问："请列出5种编程语言，并用Markdown表格比较它们的优缺点。"点击发送按钮，DeepSeek的部分回答如图2-4所示。

编程语言	优点	缺点
Python	- 语法简洁，易于学习 - 丰富的库和框架支持 - 跨平台，兼容性好 - 适合快速开发和原型设计	- 运行速度较慢 - 不适合底层系统编程 - 全局解释器锁（GIL）限制多线程性能
Java	- 跨平台（Write Once, Run Anywhere） - 强大的生态系统和社区支持 - 适合大型企业级应用 - 自动内存管理（垃圾回收）	- 语法相对冗长 - 启动时间较慢 - 内存消耗较大
JavaScript	- 前端开发的主流语言 - 异步编程支持（Node.js） - 丰富的框架和库（如React, Angular, Vue） - 跨平台（浏览器、服务器、移动端）	- 动态类型导致运行时错误 - 回调地狱（Callback Hell）问题 - 浏览器兼容性问题

图2-4

2.5 构建专属知识库

用户可以将与自己工作、学习相关的文件上传至DeepSeek平台，DeepSeek会基于上传文档的内容充分解析，并利用这些定制化知识为用户提供个性化建议。例如，用户可以将自己需要研究学习的论文或文献资料上传至DeepSeek平台，DeepSeek会对文档内容进行归纳总结，并给出相应的学习建议。

2.6 多模态交互

DeepSeek作为一款强大的多模态交互工具，可以通过整合图像分析、文档处理等功能，显著提升用户的工作效率和整体体验。在图像分析方面，DeepSeek能够迅速识别并提取图片中的关键信息，极大地缩短手动处理的时间。在文档处理领域，它不仅能高效地进行文档分类、信息抽取，还能实现自动生成摘要，让烦琐的文档管理工作变得轻松简单。

第3章
高效学习与研究助手

3.1 推荐论文选题

对于学生来说，论文写作不仅能够深化其对专业知识的理解和掌握，更能激发其创新思维，培养其独立分析和解决实际问题的能力。在这一过程中，论文选题的确定至关重要，决定了学生进行学术研究的方向，为学生提供了一条明确的学术探索路径，并且能够引导学生发掘新的研究方向和创新点，是开启学术研究的起点。

采用DeepSeek推荐论文选题是高效且创新的方法。DeepSeek能够有效协助学生依据自身的研究领域与方向，快速锁定并挖掘出与自身研究内容高度契合的研究主题。

3.1.1 DeepSeek推荐论文选题的注意事项

1. 明确研究方向

DeepSeek依赖用户输入的提示进行内容生成，因此用户应提供详细的研究背景、研究目标及关键科学问题。模糊或过于宽泛的提问可能导致DeepSeek生成的内容缺乏针对性，影响论文选题的学术价值。

2. 结合现有研究，确保选题新颖

用户可以提供相关领域文献，确保DeepSeek在生成内容时能够准确引用已有研究成果，同时避免重复，确保选题具有一定的创新性与研究价值。

3. 注意提问设计

高效的提问设计可以提高DeepSeek生成内容的质量和效率。例如，用户可以明确要求DeepSeek提供紧密结合近3年来研究热点的论文选题，并要求阐述研究意义、可能的创新点以及选题价值评估。

3.1.2 操作实例解析

在要求DeepSeek推荐论文选题时,用户需要明确研究兴趣和专业领域,并上传相关领域的文献,再尝试与其进行多次交流。

如图3-1所示,用户上传几篇图书情报学方面的文献到DeepSeek平台,并在DeepSeek的对话框中输入"我是图书情报专业的学生,目前正着手准备研究数字图书馆知识服务理论的相关内容,请根据我上传的文档分析当前的研究情况。"点击发送按钮,DeepSeek便回答了目前数字图书馆知识服务理论的研究主要集中在数字图书馆知识服务能力的评价等几个方面,并针对每个方面进行了阐述和说明。

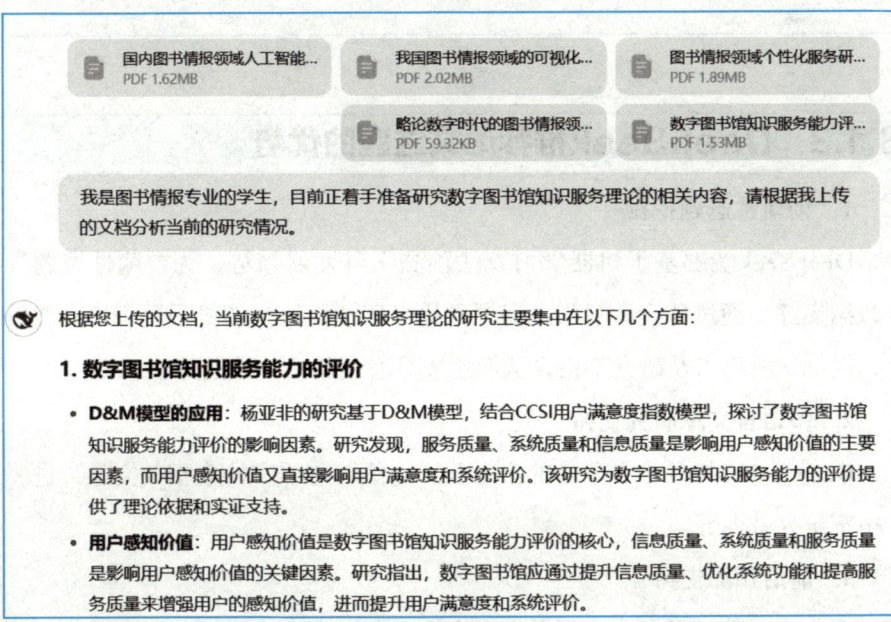

图3-1

用户可以针对上述情况继续与DeepSeek进行交流,在DeepSeek的对话框中输入"为了确保选题的创新性和可行性,请根据上述结果为我推荐5个紧密结合近3年研究热点的论文选题。"点击发送按钮,DeepSeek回答了5个目前比较新颖的研究主题，部分回答如图3-2所示。

> 为了确保选题的创新性和可行性，请根据上述结果为我推荐5个紧密结合近3年研究热点的论文选题。

根据当前数字图书馆知识服务领域的研究热点和趋势，结合近三年的研究进展，以下是五个紧密结合研究热点的论文选题推荐，旨在确保选题的创新性和可行性：

1. 基于人工智能的数字图书馆个性化知识服务模型研究

- **研究背景**：随着人工智能技术的快速发展，个性化服务成为数字图书馆提升用户体验的重要手段。机器学习、自然语言处理等技术为个性化知识服务提供了新的可能性。
- **研究内容**：探讨如何利用人工智能技术（如用户画像、推荐算法、情感分析等）构建数字图书馆的个性化知识服务模型，分析其在用户需求预测、资源推荐和服务优化中的应用。
- **创新点**：结合最新的AI技术（如GPT模型、知识图谱等），提出一种基于用户行为数据的动态个性化服务模型。
- **可行性**：已有大量关于个性化服务的研究基础，结合AI技术的应用案例丰富，数据获取和分析工具成熟。

图3-2

3.1.3　DeepSeek推荐论文选题的优势

1. 创新性选题挖掘

DeepSeek能够基于机器学习算法预测学科发展趋势，为前瞻性选题提供数据支撑，通过整合海量学术资源和语义理解算法，解析千万级论文数据库，提炼学科热点及研究空白，从而生成具有创新性的选题建议。

2. 多语言文献研究支持

DeepSeek支持几十种语言的实时互译，能够跨语言检索相关文献，进一步拓宽研究者视野。

3. 前沿预测支持

DeepSeek能够预测未来学科演进方向，帮助用户动态调整研究策略，确保研究方向始终处于前沿。

3.2 生成论文大纲

清晰、逻辑严密的大纲是学术论文撰写成功的关键。论文大纲能帮助作者系统地组织和安排材料,确保论文内容的逻辑性和连贯性。通过对大纲的初步构建和反复推敲,能使作者及时发现并修正研究中的不足之处,提升论文的整体质量。此外,论文大纲还可以帮助读者快速了解作者的研究思路和主要内容。

DeepSeek作为一款先进的AI工具,能够帮助用户快速且高质量地构建论文大纲,提高写作效率。

3.2.1 DeepSeek生成论文大纲的注意事项

1. 明确论文主题与研究方向

在使用DeepSeek生成论文大纲之前,用户需要明确论文的研究主题和方向,这是生成论文大纲的基础,也是确保后续写作内容符合要求的前提。

2. 提供详细指令与要求

用户需要向DeepSeek提供详细的指令和要求,其中可以包括论文的基本结构、各部分的内容要点、字数分配等。例如,可以要求DeepSeek生成包含研究背景与意义、文献综述、研究方法、数据分析与结果、讨论与建议等部分的论文大纲。

3. 细化大纲内容

在初步生成大纲后,用户可以根据具体研究内容和个人思路,进一步细化大纲内容或调整内容,确保大纲逻辑清晰、内容完整。

3.2.2 操作实例解析

在使用DeepSeek生成论文大纲时，用户可以自定义需求，输入论文的主题或关键词，DeepSeek将根据这些输入内容智能推荐论文的基本结构和各个章节的内容要点。之后，用户也可以根据自己的研究需求，对DeepSeek生成的内容进行个性化调整，使其更加贴合自己的研究内容和目标。

例如，在DeepSeek的对话框中输入“请以‘基于LDA的用户评论挖掘与情感分析研究’为题，研究方向为图书情报领域，大纲要求包含：研究背景及意义、文献综述、研究方法、主要研究内容、数据分析与结果、讨论与建议，在此基础上生成一篇学术论文大纲”，点击发送按钮，DeepSeek按照上述要求给出了完整的论文大纲，并对生成的大纲进行了亮点说明，部分回答如图3-3所示。

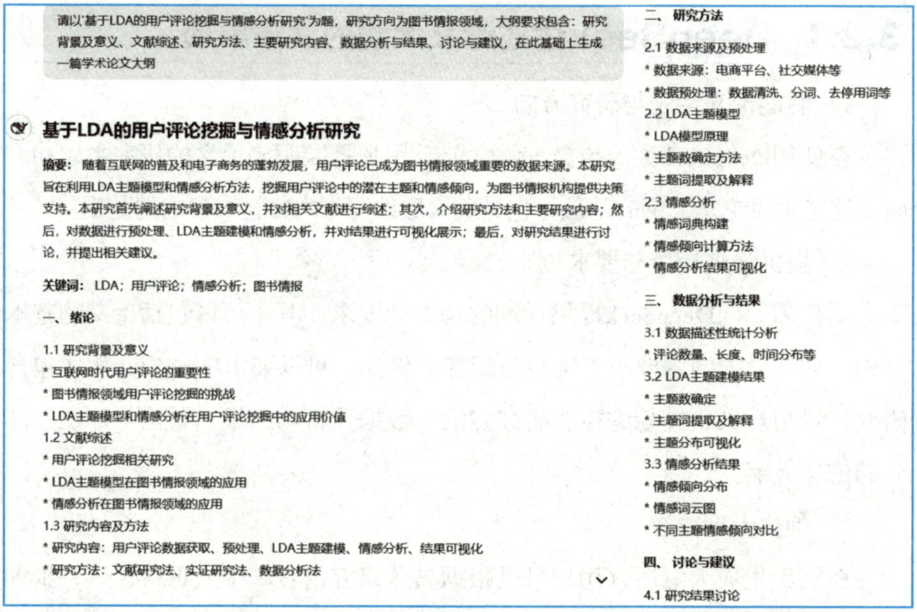
请以‘基于LDA的用户评论挖掘与情感分析研究’为题，研究方向为图书情报领域，大纲要求包含：研究背景及意义、文献综述、研究方法、主要研究内容、数据分析与结果、讨论与建议，在此基础上生成一篇学术论文大纲

基于LDA的用户评论挖掘与情感分析研究

摘要： 随着互联网的普及和电子商务的蓬勃发展，用户评论已成为图书情报领域重要的数据来源。本研究旨在利用LDA主题模型和情感分析方法，挖掘用户评论中的潜在主题和情感倾向，为图书情报机构提供决策支持。本研究首先阐述研究背景及意义，并对相关文献进行综述；其次，介绍研究方法和主要研究内容；然后，对数据进行预处理、LDA主题建模和情感分析，并对结果进行可视化展示；最后，对研究结果进行讨论，并提出相关建议。

关键词： LDA；用户评论；情感分析；图书情报

一、绪论

1.1 研究背景及意义

* 互联网时代用户评论的重要性
* 图书情报领域用户评论挖掘的挑战
* LDA主题模型和情感分析在用户评论挖掘中的应用价值

1.2 文献综述

* 用户评论挖掘相关研究
* LDA主题模型在图书情报领域的应用
* 情感分析在图书情报领域的应用

1.3 研究内容及方法

* 研究内容：用户评论数据获取、预处理、LDA主题建模、情感分析、结果可视化
* 研究方法：文献研究法、实证研究法、数据分析法

二、研究方法

2.1 数据来源及预处理

* 数据来源：电商平台、社交媒体等
* 数据预处理：数据清洗、分词、去停用词等

2.2 LDA主题模型

* LDA模型原理
* 主题数确定方法
* 主题词提取及解释

2.3 情感分析

* 情感词典构建
* 情感倾向计算方法
* 情感分析结果可视化

三、数据分析与结果

3.1 数据描述性统计分析

* 评论数量、长度、时间分布等

3.2 LDA主题建模结果

* 主题数确定
* 主题词提取及解释
* 主题分布可视化

3.3 情感分析结果

* 情感倾向分布
* 情感词云图
* 不同主题情感倾向对比

四、讨论与建议

4.1 研究结果讨论

图3-3

3.2.3　DeepSeek生成论文大纲的优势与建议

1. 优势

（1）结构完整与层次分明

DeepSeek生成的论文大纲包含摘要、关键词、引言、相关内容、方法、实验、结论等基本部分。

（2）参考内容丰富

DeepSeek可以自动检索相关领域的文献，并根据文献内容生成大纲，为用户提供丰富的参考资料。

（3）文本分析功能

DeepSeek能够提取文献中的关键信息，如研究目的、方法、结果、结论等，对已有文献进行快速分析，为生成论文大纲提供参考。

2. 建议

①DeepSeek生成论文大纲依赖于现有数据，可能无法涵盖所有领域的知识，用户可以根据自己的专业知识及参考资料，进一步思考和补充理论分析、实验设计和结果讨论等内容以完善大纲。

②DeepSeek在语言表达上可能不准确，在相关术语和专业问题表述中存在漏洞，这也需要用户进行修改和完善。

3.3　润色论文

通过润色可以修正论文中存在的语法、拼写、标点等文字错误，确保论文语言流畅、准确，避免读者产生误解。同时，润色还能帮助调整论文结构，使其论点清晰、论据充分、结论明确，增强论文的逻辑性和说服力。此外，对论文的润色还包括对专业术语和引用方式的核对与修正，确保论文的学术性和准确性,从而提升其整体质量和可读性。

目前一些主流的AI工具更擅长语言上的润色,而不是内容上的重构,但是DeepSeek并非如此,它可以根据用户需求进行语言及内容结构上的润色。

3.3.1 DeepSeek润色论文的注意事项

1. 明确润色模式、目标与需求

DeepSeek可以提供基础润色和深度润色等不同的模式。用户可以根据论文的实际情况和需求,选择合适的润色模式。在上传论文之前,用户还需要明确润色目标,如提升语言流畅性、增强逻辑严谨性或提高学术性等,以确保DeepSeek能更准确地理解用户需求,并提供针对性的润色建议。

2. 确保数据的真实性与方法的准确性

如果论文涉及实验或统计数据,用户要确保数据来源可靠,避免使用AI生成的虚构数据;同时需要确保论文中描述的研究方法准确、严谨,且符合学术规范。

3. 人工复核与润色

尽管DeepSeek能够提供高质量的润色建议,但仍需人工复核以确保内容准确无误,特别是核心观点、研究贡献及数据分析部分。用户也可以根据DeepSeek提供的润色建议和优化说明,进一步修改和完善论文。

3.3.2 操作实例解析

本节以《基于LDA的电商平台用户评论挖掘与情感分析研究——以京东商城App为例》这篇论文为例,在对话框中将论文文本上传到DeepSeek平台,并输入"帮我对上述论文整体进行语言、结构和逻辑的全面优化,要求清晰、简洁,具有学术性",点击发送按钮,DeepSeek的部分回答如图3-4所示。

从图3-4所示结果来看,首先,DeepSeek会深入解析论文内容,精准地提炼论文的主旨与核心观点。其次,DeepSeek依据用户的具体要求,从论文的语言表达、结构布局及逻辑性等角度进行全面分析，结合分析结果对全文内容进行润色和优化处理。最后，DeepSeek在润色结束后，还会给出优化说明，指出在哪些方面进行了优化与修改。

图3-4

3.3.3　DeepSeek润色论文的优势与建议

1. 优势

（1）润色效果出色

DeepSeek在学术写作规则等方面表现比较优秀，能够按照学术写作规范，将结果的统计学差异清晰简洁地表达出来；其在中英文论文润色方面表现均比较出色，能够逐字逐句地仔细修改，提升论文语言表达的准确性和流畅性。

（2）修正论文结构

DeepSeek能够调整段落结构，确保论点连贯、层次分明，增强论文逻辑性。区别于市面上主流的AI文字润色工具，DeepSeek可以通过优化句式结构、替换专业学术词汇等方式，提升论文的学术性和可读性。

2. 建议

①可以根据DeepSeek润色结果中的优化说明，分析论文中较为薄弱的地方，让DeepSeek进行多次强化润色，从而让论文整体质量得到显著提高。

②可以进一步向DeepSeek提出对论文的创新点深度挖掘等更高层次的润色需求，而不仅仅是聚焦于语言优化和逻辑调整。

3.4　总结归纳文献

对文献进行归纳总结能够助力我们从繁杂的资料中提炼出核心观点和研究成果，更加清晰地了解文献所阐述的研究现状、发展趋势和存在的问题，为后续的研究提供有力的支撑。

采用DeepSeek对文献进行总结归纳，能够帮助用户快速而高效地整理资料，总结核心内容，节省大量时间和精力。

3.4.1　DeepSeek总结归纳文献的注意事项

1. 明确需求与精准输入

在使用DeepSeek时，用户需要清晰描述任务目标，如指定需要总结归纳的文献内容、格式要求等。上传或输入长文献内容时，可以分段输入并标注章节，以便DeepSeek更准确地理解文献结构和内容。

2. 提出质量要求

用户还需提出质量方面的要求，如要求DeepSeek输出的内容不仅要具有准确性，避免任何误导或歧义，还要全面深入地覆盖文献中的每一个关键信息点，确保不遗漏任何对研究有重要影响的内容。此外，用户还可以要求DeepSeek智能识别并整合不同文献之间的关联性和差异性，为用户提供更加全面、深入的文献综述和分析，从而助力用户在研究过程中做出更加明智的决策。

3. 数据验证与核对

DeepSeek在对文献进行解析时，生成的内容可能存在偏差或逻辑局限，因此用户要保持批判性思维，对提炼总结的关键性数据进行二次溯源和验证，核查其真实性，避免将未经证实的推论当作事实。

3.4.2　操作实例解析

本节同样以《基于LDA的电商平台用户评论挖掘与情感分析研究——以京东商城App为例》这篇论文为例，在对话框中将论文文本上传到DeepSeek平台，并输入"对上述文档进行关键信息提取，可以对每小节进行分段总结，要求阐述文章研究的主要内容，内容需全面且与其他文献进行对比，总结出本文的创新之处"，点击发送按钮，DeepSeek的部分回答如图3-5所示。

> 对上述文档进行关键信息提取，可以对每小节进行分段总结，要求阐述文章研究的主要内容，内容需全面且与其他文献进行对比，总结出本文的创新之处

关键信息提取与分段总结

1. 引言

- 研究背景：
  - 中国互联网普及率高达77.5%，网民规模达10.92亿，用户评论成为消费者购买决策的重要参考。
  - 用户评论中蕴含大量有价值的信息，通过文本挖掘和情感分析可以帮助企业改进产品和服务。
- 研究目的：
  - 借助LDA主题模型和情感分析技术，挖掘京东商城用户评论中的情感倾向和关注点，为企业提供改进策略。

与其他文献对比：

- 本文聚焦于电商平台的用户评论，与旅游、酒店等领域的评论研究相比，更具商业应用价值。
- 与传统的基于规则的情感分析方法相比，本文结合了LDA主题模型，能够更深入地挖掘评论中的隐性主题。

2. 相关研究

- 在线评论特征词抽取：
  - 现有研究多采用Word2vec、SRC-LDA等技术进行特征词抽取，应用于电子商务、社交媒体等领域。
  - 本文采用TF-IDF方法提取关键词，结合LDA模型进行主题分析，具有较强的可解释性和实用性。
- 情感分析研究：
  - 现有研究多基于回归分析、监督学习和机器学习进行情感分类。
  - 本文使用台湾大学简体中文情感词典（NTUSD）进行情感分析，结合LDA模型，能够更全面地捕捉用户情感倾向。

图3-5

3.4.3 DeepSeek总结归纳文献的优势与建议

1. 优势

（1）提取关键信息

用户将文献导入DeepSeek后，DeepSeek可以利用文本分析功能快速从文献中提取研究目的、研究方法、主要结论、数据来源等关键信息，大大节省了用户的阅读时间。对于复杂的理论或方法，DeepSeek还能进行深度解析，

帮助用户更好地理解文献内容。

（2）文献整合与归纳

根据提取的关键信息，DeepSeek可以帮助构建文献综述的写作框架，生成详细的提纲。同时，它还可以自动转述文献内容，修正引用格式，避免直接复制文献内容，降低侵权的风险。

（3）多文献协同分析

DeepSeek能够进行多文献协同分析，生成综合性的总结，帮助用户全面掌握某一领域的研究现状。

2. 建议

①在与DeepSeek交流时，用户需要注意保持对话的连贯性和逻辑性，通过逐步深入的问题和回答，让DeepSeek能够更准确地理解用户意图，提供更完善的回答。

②DeepSeek的输出质量取决于输入文献的质量，如果原始文献存在错误或表述不清，DeepSeek的总结也可能不准确，因此用户在上传文献时，要确保文献内容的正确性。

3.5 撰写实习报告

实习报告是学生在完成一段实习经历后，对实习过程、所学技能、所遇挑战以及个人成长等方面进行反思和总结的书面报告。实习报告可以帮助实习生系统地梳理所学知识、技能应用及遇到的挑战，从而深化其对专业领域的理解。此外，实习报告也是向学校、导师及未来雇主展示个人成长与成就的重要载体，它直观反映了实习生的学习态度、问题解决能力及职业素养。

使用DeepSeek撰写实习报告可以辅助实习生快速搭建报告框架并填充内容，大大节省了用户手动编写的时间，同时确保了内容的全面性和结构性。

3.5.1　DeepSeek撰写实习报告的注意事项

1. 确保实习经历的真实性

在与DeepSeek交流对话时，要确保所有提及的实习经历、任务和成就都是真实准确的，不得有任何虚假信息。

2. 明确报告结构

用户可以根据学校对实习报告的写作格式要求，对DeepSeek进行约束，要求生成的报告有清晰的结构，如包括引言、正文（实习单位介绍、实习目的、实习过程、实习成果）、结论和致谢等内容。

3. 保持语言风格的一致

用户可以要求DeepSeek使用正规的学术语言，避免非正式的表述，并且要求报告全文要保持一致的语言风格，确保整篇报告读起来流畅。

3.5.2　操作实例解析

通过对上述注意事项的掌握，用户可以在DeepSeek中通过输入实习的关键信息、经历和成果，使之智能生成实习报告。

例如，我们在DeepSeek对话框中输入："请为我撰写一份实习报告，内容包括我的基本信息（张三、人力资源专业、××大学、××集团、人力资源部、人才招聘岗，2024.7–2024.9），并按照'开篇–单位和岗位–实践点滴–成果与感悟–问题与建议–结尾'的结构来组织内容，请确保报告语言具有学术性、逻辑清晰、格式规范。"点击发送按钮，DeepSeek生成的部分实习报告如图3-6所示。

3.5.3　DeepSeek撰写实习报告的优势与建议

1. 优势

（1）高效快速

DeepSeek能够迅速理解用户提出的实习报告基本需求，快速生成内容框架和初步文本，大大缩短用户撰写实习报告的时间。

> 请为我撰写一份实习报告，内容包括我的基本信息（张三、人力资源专业、XX大学，XX集团、人力资源部、人才招聘岗，2024.7-2024.9），并按照'开篇-单位和岗位-实践点滴-成果与感悟-问题与建议-结尾'的结构来组织内容，请确保报告语言具有学术性、逻辑清晰、格式规范。

实习报告

一、开篇

2024年7月至9月，我有幸在XX集团人力资源部人才招聘岗进行了为期两个月的实习。作为XX大学人力资源专业的应届毕业生，我深知理论与实践相结合的重要性，此次实习为我提供了一个将课堂所学应用于实际工作、提升专业技能和职业素养的宝贵机会。在实习期间，我积极融入团队，虚心学习，认真完成各项工作任务，在理论与实践的结合中不断成长，收获颇丰。

二、实习单位和岗位

1. 实习单位简介

XX集团是一家集研发、生产、销售于一体的多元化企业集团，业务涵盖XX、XX、XX等多个领域，在行业内享有盛誉。集团始终秉持"以人为本"的人才理念，高度重视人力资源管理工作，致力于打造一支高素质、专业化的人才队伍。

2. 实习岗位职责

在人才招聘岗实习期间，我主要协助招聘专员完成以下工作：

- **招聘需求分析**：协助收集、整理各部门招聘需求，分析岗位职责和任职资格，参与制定招聘计划。
- **招聘渠道维护**：负责招聘网站、社交媒体等招聘渠道的日常维护和信息更新，发布招聘信息，筛选简历。

图3-6

（2）结构化输出

通过预设的报告模板和逻辑结构，DeepSeek能够确保实习报告内容的条理性和清晰性，遵循实习报告标准结构，便于读者理解和评估。

（3）个性化定制

用户可以根据个人需求，将个性化内容提供给DeepSeek，DeepSeek便会根据这些内容编写实习报告，使报告更具独特性。

（4）内容全面

DeepSeek能够覆盖实习报告的各个方面，包括实习背景、工作内容、成果总结等，确保报告内容的全面性和完整性。

2. 建议

①在DeepSeek生成实习报告的基础上，用户要结合个人实习经历和感悟，润色自身在实习过程中的所获所得，使实习报告更具真实性和说服力。

②如果用户对DeepSeek生成的实习报告不满意，可以多次调整指令和参数，与DeepSeek进行沟通交流直到生成满意的实习报告。

3.6 整理读书笔记

整理读书笔记是阅读过程中的重要一步，读者通过记录书中的关键信息和自己的思考感悟，能够更深入地理解内容，并在日后回顾时迅速回忆起要点，有助于加深读者的理解和记忆。此外，读书笔记是对知识进行整理和归纳的有效手段，它能帮助读者将零散的信息系统化，构建起知识框架，便于长期记忆和灵活应用。

DeepSeek能够智能分析书籍内容，快速提取出关键知识点、重要论述和核心观点，大大节省用户阅读、标记和总结的时间，使用户能够更快地领悟书籍的精髓。

3.6.1 DeepSeek整理读书笔记的注意事项

1. 关联与整合知识点

在使用DeepSeek整理读书笔记时，为确保它能够有效关联和整合书中的知识点，用户需要明确指示DeepSeek分析书中各个知识点之间的联系，以及这些知识点如何构成一个整体框架。

2. 指定范围

为确保DeepSeek回答精准且贴近需求，用户可以明确指定范围，包括书籍的具体章节、段落，甚至是特定的主题或问题。这样就可以避免DeepSeek的回答过于宽泛或偏离主题。

3. 使用通俗易懂的语言

通常DeepSeek对问题的回答可能会比较深入和专业，但有时候，我们更希望它以易于理解的方式呈现答案。因此，在提问时，用户可以明确要求DeepSeek使用通俗易懂的语言来回答问题。

3.6.2 操作实例解析

用户可以通过提问让DeepSeek整理某本书的读书笔记，并且可以根据自己的需求进行个性化提问，无论是关注特定章节、段落，还是探讨某个主题或问题，DeepSeek都能根据要求提供精准的回答，使读书笔记更加符合用户的学习目标和兴趣。

例如，在DeepSeek对话框中输入"请阐述一下《人类简史》各章节之间的联系并为我整理出一份读书笔记，要求语言通俗易懂"，点击发送按钮，DeepSeek的部分回答如图3-7所示。

请阐述一下《人类简史》各章节之间的联系并为我整理出一份读书笔记，要求语言通俗易懂

已深度思考（用时20秒）

《人类简史》以人类历史上的四次革命为主线，串联起全书逻辑。各章节围绕虚构故事如何推动人类协作这一核心展开。以下为通俗版读书笔记：

一、全书核心逻辑

1. **认知革命**：人类用虚构故事建立大规模协作。
2. **农业革命**：虚构故事升级为更复杂的社会规则。
3. **人类融合**：金钱、帝国、宗教三大虚构工具统一全球。
4. **科学革命**：人类承认无知，用科学+资本主义重塑世界。

二、章节联系与读书笔记

第一部分：认知革命（1-4章）

核心：7万年前智人靠讲故事能力逆袭

- **关键点**：
  ○ 语言进化出虚构能力：能聊八卦（维系小群体），也能编神话（让陌生人合作）。

图3-7

3.6.3　DeepSeek整理读书笔记的优势与建议

1. 优势

（1）理解力强，总结到位

DeepSeek能够准确抓住书籍的核心内容，并提供逻辑清晰、层次分明的总结，有助于读者快速把握书籍的主旨和要点。

（2）知识覆盖广

DeepSeek的训练数据包含大量专业书籍、学术论文和高质量网络内容，涵盖多个领域，用户可以获取更全面的知识。

（3）学习进化能力强

DeepSeek可以通过持续分析用户反馈优化响应质量，记住特定对话中的用户偏好并应用于后续交流，有助于用户获得更加个性化和高质量的读书笔记。

2. 建议

（1）善用DeepSeek的功能

充分利用DeepSeek提供的各种功能，如提问、总结、案例解释等，这些功能有助于用户更深入地理解和记忆书籍中的内容。

（2）结合个人思考

虽然DeepSeek提供了强大的辅助阅读功能，但是用户仍需结合自己的思考和经验进行理解和应用，这样才能将所学知识真正转化为自己的智慧。

3.7 撰写课题申报书

课题申报是提升研究者学术水平的重要途径，课题的申请和实施可以推动研究者探索新的研究领域和解决重要的科学问题，从而推动相关学科的发展，对于提升国家的科技实力和国际竞争力具有重要意义。

DeepSeek在学术研究方面展现出了卓越的性能，能够通过快速浏览相关领域的前沿信息，获取灵感并为研究者确定一个具有潜力的研究主题。

3.7.1 DeepSeek撰写课题申报书的注意事项

1. 细化研究问题

用户需要在DeepSeek中定义具体问题，让其查找相关实证研究确定当前研究成果，避免重复劳动，并在此基础上找到当前研究的空白点，提出新颖的研究视角。

2. 层层深入引导

与DeepSeek对话时应逐步引导，从宏观到微观逐步细化研究问题，以确保课题研究的深度和广度。

3.7.2 操作实例分析

在使用DeepSeek进行课题申报时，用户可以利用DeepSeek寻找所研究领域的空白，并引导其生成一份课题申报书。

例如，在DeepSeek的对话框中输入："请帮助我定义研究问题:研究领域是'图书情报'，具体问题是'江苏智慧文旅产业融合发展'，请给出现有研究的主要结论及其所存在的研究空白，并就目前研究空白之处生成一份课题申报书。"DeepSeek便会先回答现有研究的主要结论及研究空白，部分回答如图3-8所示;再生成一份相应的课题申报书,部分回答如图3-9所示。

> **现有研究的主要结论及研究空白**
>
> **现有研究的主要结论**
>
> 1. **智慧文旅的技术应用:**
>   - 现有研究多聚焦于大数据、人工智能、云计算等技术在文旅产业中的应用,如智能导览、游客行为分析、景区流量预测等,强调技术对产业效率的提升作用。
>   - 例如,江苏省部分景区通过数字化平台整合旅游资源,实现"一码通游",提高了游客体验和管理效率。
>
> **研究空白**
>
> 1. **图书情报视角的缺失:**
>   - 现有研究较少从图书情报学的理论框架(如信息生命周期管理、知识服务、用户行为建模)切入,探讨智慧文旅产业融合中的信息治理与知识共享问题。
> 2. **地域性深度研究不足:**

图3-8

3.7.3　DeepSeek撰写课题申报书的优势与建议

1. 优势

(1)理论支持强大

通过深度思考,DeepSeek能够为用户提供与研究主题相关的学术框架和理论背景信息,增强研究的学术性。

(2)提升工作效率

DeepSeek能够自动生成结构完整的课题申报书,包含研究背景及意义、研究目标、研究内容、研究方法、预期成果、创新点、研究基础与保障等,能够帮助用户节省大量时间和精力。

(3)定制化的功能

DeepSeek提供了定制化的功能,用户可以通过明确的指令,迅速构建研究框架、明确研究问题,提高研究的严谨性。

> **课题申报书**
>
> **课题名称**：基于图书情报视角的江苏智慧文旅产业融合发展路径研究
>
> **一、研究背景与意义**
>
> 1. 背景：
>   - 江苏省文旅资源丰富，但传统文旅产业面临数字化程度低、信息孤岛等问题，亟需通过智慧化手段实现转型升级。
>   - 图书情报学在信息组织、知识服务、用户行为分析等领域具有方法论优势，可为文旅融合提供理论支撑。
> 2. 意义：
>   - **理论价值**：拓展图书情报学在文旅领域的应用场景，构建"信息-知识-服务"协同框架。
>   - **实践价值**：为江苏省智慧文旅融合发展提供可操作的路径建议，助力区域经济与文化协同发展。
>
> **二、研究目标**
>
> 1. 揭示江苏智慧文旅产业融合中的信息治理痛点与用户需求特征。
> 2. 构建基于图书情报学的文旅信息资源整合与知识共享模型。
> 3. 提出面向多方协同的智慧文旅服务优化策略。
>
> **三、研究内容**
>
> 1. 江苏智慧文旅产业融合现状分析：
>   - 通过案例研究（如苏州、南京代表性项目），梳理技术应用、政策支持、用户反馈现状。

图3-9

2. 建议

①在课题申请初期，用户可以通过DeepSeek快速定位相关领域的文献，全面了解研究现状，再利用DeepSeek的文献深度分析功能，识别研究热点和趋势，避免课题过于陈旧或缺乏创新性。

②用户需要注意保持独立思考和创新能力，避免过度依赖工具而导致课题申报书缺乏个人见解和创新点。

3.8 文本翻译

文本翻译不仅是转换语言,更是传递文化,能够打破语言交流障碍,使不同语言背景的人能够准确、流畅地交流,进而推动经济、文化、科技等多领域的国际合作与发展。

DeepSeek的翻译功能是一种基于人工智能的语言处理服务,它能够实现多种语言之间的文本转换。该功能通常集成在DeepSeek的智能助手或相关产品中,旨在帮助用户跨越语言障碍,实现信息的无缝交流。

3.8.1 DeepSeek翻译文本的注意事项

1. 明确翻译需求

在提交翻译任务前,要明确翻译的目标语言、文本类型(如专业论文、日常对话等)、翻译风格(如正式、口语化等),以及任何特定的术语或表达要求。

2. 提供完整文本

确保提交的文本完整无缺,避免遗漏重要信息。如果文本中包含专业术语或特定文化背景的内容,最好同时提供相关的背景资料或解释,以帮助DeepSeek更准确地理解并翻译。

3. 考虑时效性

对实时性要求较高的翻译任务(如新闻、股票信息等),建议开启联网搜索功能并结合其他渠道进行验证。

3.8.2 操作实例解析

通过对上述注意事项的掌握,我们可以告知DeepSeek需要翻译的具体内容,让其给出符合要求的译文。

例如,用户可以让DeepSeek翻译一篇与影片《哪吒之魔童闹海》(简称《哪吒2》)相关的新闻,先点击"联网搜索",再在对话框输入"请搜索这篇新闻:《哪吒2》破120亿,冲击全球第一!光线传媒累涨超230%,还有谁在狂赚?"点击发送按钮,DeepSeek的部分回答如图3-10所示。接着,用户与DeepSeek进行进一步交互,对DeepSeek提出"请将上述新闻内容翻译成英文"的要求,DeepSeek的部分回答如图3-11所示。

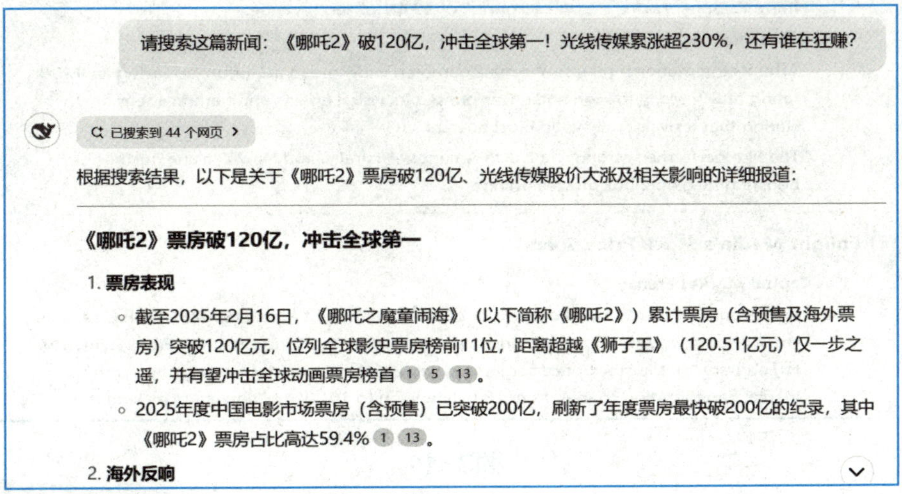

> 请搜索这篇新闻:《哪吒2》破120亿,冲击全球第一!光线传媒累涨超230%,还有谁在狂赚?
>
> ⟳ 已搜索到 44 个网页
>
> 根据搜索结果,以下是关于《哪吒2》票房破120亿、光线传媒股价大涨及相关影响的详细报道:
>
> **《哪吒2》票房破120亿,冲击全球第一**
>
> 1. 票房表现
>   - 截至2025年2月16日,《哪吒之魔童闹海》(以下简称《哪吒2》)累计票房(含预售及海外票房)突破120亿元,位列全球影史票房榜前11位,距离超越《狮子王》(120.51亿元)仅一步之遥,并有望冲击全球动画票房榜首 ① ⑤ ⑬。
>   - 2025年度中国电影市场票房(含预售)已突破200亿,刷新了年度票房最快破200亿的纪录,其中《哪吒2》票房占比高达59.4% ① ⑬。
> 2. 海外反响

图3-10

> 请将上述新闻内容翻译成英文

Here is the English translation of the news content about *Nezha 2* breaking 12 billion yuan at the box office, the surge in Enlight Media's stock price, and related impacts:

Nezha 2 Surpasses 12 Billion Yuan at the Box Office, Aiming for Global No. 1

1. **Box Office Performance**
   - As of February 16, 2025, *Nezha: The Devil's Chaos* (hereinafter referred to as *Nezha 2*) has accumulated a box office revenue (including pre-sales and overseas earnings) of over 12 billion yuan, ranking among the top 11 highest-grossing films in global box office history. It is just one step away from surpassing *The Lion King* (12.051 billion yuan) and is poised to challenge for the top spot in global animated film box office rankings.

   截至2025年2月16日，《哪吒之魔乱》（以下简称哪吒2）累计票房收入（包括售前和海外收入）超过120亿元，位列全球票房史票房最高的11部电影之列。它距离超越《狮子王》（120.51亿元人民币）仅一步之遥，并有望挑战全球动画电影票房排行榜的头把交椅。

   - In 2025, the total box office revenue of the Chinese film market (including pre-sales) has exceeded 20 billion yuan, setting a new record for the fastest annual box office to reach this milestone. *Nezha 2* alone accounts for 59.4% of this revenue.

2. **Overseas Reception**
   - After its international release, *Nezha 2* garnered widespread attention, achieving an IMDB rating of 8.3. Many foreign audiences praised its visual effects and narrative tension, stating that it rivals Hollywood blockbusters.
   - The film performed strongly in North America, Australia, and New Zealand, further boosting its global box office earnings.

Enlight Media's Stock Price Soars

1. **A Capital Market Frenzy**
   - As the primary investor and distributor of *Nezha 2*, Enlight Media (300251.SZ) has seen its stock price skyrocket since the market reopened after the Spring Festival. From February 5 to February 14, the stock price surged by over 200% in just eight trading days, with its market capitalization soaring from 28 billion yuan to 101.884 billion yuan, making it the

图3-11

又如，用户可以让DeepSeek翻译一篇英文文献，先将文献上传至DeepSeek平台，再在DeepSeek的对话框中输入"将该英文论文文本翻译为中文文本，翻译风格要求学术化，内容要完整准确"，点击发送按钮，DeepSeek的部分回答如图3-12所示。

图3-12

3.8.3 DeepSeek翻译文本的优势与建议

1. 优势

（1）多语言支持

DeepSeek支持多种语言的翻译，且针对每种语言都进行了优化以确保翻译质量，这使得DeepSeek在跨国交流、多语言文档处理等方面具有极高的实用性。

（2）精准翻译

DeepSeek采用先进的架构和算法，能够更好地联系上下文和理解语义，实现精准翻译。特别是在处理专业术语、复杂句式和文化典故时，DeepSeek的翻译结果明显优于传统翻译工具。

（3）自适应学习

DeepSeek具有自适应学习机制，能够不断优化翻译功能，提升翻译质量，能在面对不同领域、不同风格的文本时，提供高质量的翻译结果。

2. 建议

①在进行跨国交流或多语言文档处理时，用户可以充分利用DeepSeek的多语言支持功能，以提高工作效率和翻译质量。

②在使用DeepSeek进行翻译时，用户可以逐步积累和优化翻译模板和词汇库，以不断提高其翻译效率和准确性。

③在翻译具有文化背景或隐喻的文本时，用户可以向DeepSeek提供文化背景补充信息，以帮助其更好地理解原文的含义和背景。

3.9 纠错编辑

在学术创作中，研究者难免会出现疏漏和错误，通过纠错编辑，可以及时发现并纠正问题，进一步推动学术研究的完善和发展。

DeepSeek不仅能精准识别出简单的拼写错误，还能发现复杂的语法结构问题，甚至是上下文中的逻辑不一致，并提出相应的修改建议，从而极大地提升编辑工作的效率，并确保了文档内容的准确性和流畅性。此外，DeepSeek还能适应不同领域和专业背景的要求，为用户提供更加个性化和专业的纠错服务。

3.9.1 DeepSeek纠错编辑的注意事项

1. 分段提交与字数限制

为获得更精准的批改结果，建议将长文本分段提交给DeepSeek。分段处理有助于DeepSeek系统更细致地识别和分析每个部分的问题。

2. 注意网络用语与方言

DeepSeek虽然强大，但也可能对某些网络用语或方言表述不够敏感。因此，在提交文本前，建议手动调整这些非标准用语，以避免系统误判或给出不恰当的修改建议。同时，可以在后台添加敏感词，如"yyds""绝绝子"等，让DeepSeek自动识别，规范语言使用。

3. 进行特殊处理

用户可以要求DeepSeek对创意性表达和文学性语言谨慎处理，也可以要求DeepSeek更改文本风格，使文本更容易被理解。

3.9.2 操作实例解析

通过对上述注意事项的掌握，我们可以利用DeepSeek强大的自然语言处理技术及深度语义理解模型，让其对具体文本进行纠错编辑。

例如，用户可将一段文本输入对话框中，并要求"请对上述文段内容进行检查修正，同时更改语言风格，让读者更容易理解内容，注意yyds是常见的网络用语。"点击发送按钮，DeepSeek的回答如图3-13所示。

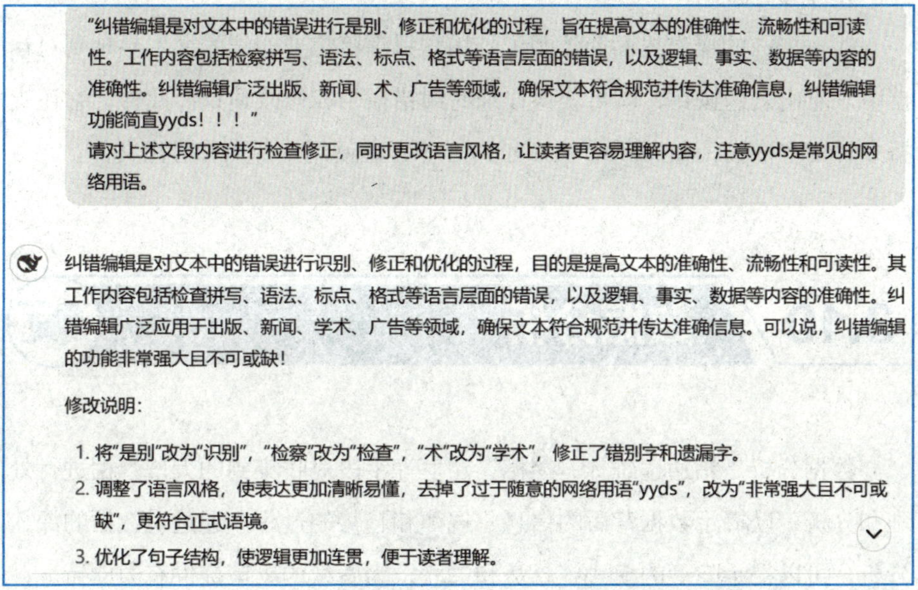

> "纠错编辑是对文本中的错误进行是别、修正和优化的过程，旨在提高文本的准确性、流畅性和可读性。工作内容包括检察拼写、语法、标点、格式等语言层面的错误，以及逻辑、事实、数据等内容的准确性。纠错编辑广泛出版、新闻、术、广告等领域，确保文本符合规范并传达准确信息，纠错编辑功能简直yyds！！！"
>
> 请对上述文段内容进行检查修正，同时更改语言风格，让读者更容易理解内容，注意yyds是常见的网络用语。

纠错编辑是对文本中的错误进行识别、修正和优化的过程，目的是提高文本的准确性、流畅性和可读性。其工作内容包括检查拼写、语法、标点、格式等语言层面的错误，以及逻辑、事实、数据等内容的准确性。纠错编辑广泛应用于出版、新闻、学术、广告等领域，确保文本符合规范并传达准确信息。可以说，纠错编辑的功能非常强大且不可或缺！

修改说明：

1. 将"是别"改为"识别"，"检察"改为"检查"，"术"改为"学术"，修正了错别字和遗漏字。
2. 调整了语言风格，使表达更加清晰易懂，去掉了过于随意的网络用语"yyds"，改为"非常强大且不可或缺"，更符合正式语境。
3. 优化了句子结构，使逻辑更加连贯，便于读者理解。

图3-13

3.9.3　DeepSeek纠错编辑的优势

1. 高效精准

DeepSeek凭借强大的自然语言处理能力和深度语义理解功能，能够迅速且准确地识别文本中的错别字、语法错误、逻辑错误及标点错误。其先进的算法和庞大的语料库支持，使得纠错过程既快速又可靠。

2. 多领域适用

DeepSeek的纠错编辑功能不仅适用于学术论文，还可广泛应用于商业文案、新闻报道、作文批改等多种文本类型，它能根据不同的文本类型提供针对性的纠错建议，满足多样化需求。

3. 智能化程度高

DeepSeek提供智能化的改写建议，能够根据上下文语境提供多种优化方案，帮助用户优化表达。同时，它还能自动检测并修正文本中的语法问题，如时态错误、主谓一致问题等，确保文本的准确性和流畅性。

4. 用户友好

DeepSeek的操作界面简洁明了，用户只需将需要纠错的文本粘贴到对话框中，点击发送按钮，即可获得详细的纠错报告和修改建议。此外，它还支持多种文本格式，如Word、PDF和TXT等，方便用户导入和导出文件。

3.10　数据分析

数据分析是指通过统计、挖掘、建模等手段对收集到的大量数据进行处理和分析，以揭示数据背后的信息、规律和趋势的过程。通过对数据的深入分析，可以揭示隐藏的模式、趋势和关联，为后续的决策提供有力支持。并且，基于数据的分析和预测，可以更准确地评估不同决策方案的效果，从而有利于选择最优方案。

DeepSeek的分布式计算架构使得它能够有效应对大规模数据集，提高数据分析的效率和准确性。同时，DeepSeek提供了丰富的分析工具和算法，可以满足不同领域和场景的数据分析需求。

3.10.1　DeepSeek数据分析的注意事项

1. 数据预处理

在进行数据分析之前，用户需要对数据进行有效的预处理。例如，利用DeepSeek进行去除重复数据、填充缺失值、标准化数值范围等操作。对于特别大的数据集，可以将数据分成多个批次进行处理，然后将结果汇总。这样做可以有效避免内存溢出问题，并提高整体处理速度。

2. 选择分析方法

DeepSeek提供了多种数据分析方法，用户可以根据数据特点和待分析目标选择合适的方法。例如，对于大规模数据集，用户可以优先选择分布式计算或近似算法，以提高效率。

3. 调整模型参数

DeepSeek提供了多种模型参数可供调整，用户可以根据具体需求优化结果。例如，在文本摘要方面，用户可以通过调整摘要长度、重点关键词权重等参数来提高摘要的准确性和相关性。

3.10.2　操作实例解析

使用DeepSeek进行数据分析时，需要先将文本上传至DeepSeek平台，再要求DeepSeek对数据进行清洗处理，并在此基础上做出相关分析。

例如，用户可将评论内容文本上传至DeepSeek平台，在DeepSeek的对话框中输入"对评论文本进行预处理，包括空白处、无实际意义字符等内容进行删除，并基于TF-IDF统计方法，对上述评论文本进行关键词提取，显示TOP-20即可"，点击发送按钮，DeepSeek的部分回答如图3-14所示。

评论内容.xlsx
XLSX 52.23KB

对评论文本进行预处理,包括空白处、无实际意义字符等内容进行删除,并基于TF-IDF统计方法,对上述评论文本进行关键词提取,显示TOP-20即可

为了对评论文本进行预处理并提取关键词,我们将按照以下步骤进行:

1. **文本预处理**:
   - 删除空白处、无实际意义的字符(如标点符号、特殊字符等)。
   - 去除停用词(如"的""了""是"等无实际意义的词)。
   - 分词处理(将句子拆分为单个词语)。
2. **基于TF-IDF的关键词提取**:
   - 使用TF-IDF(词频-逆文档频率)统计方法,计算每个词的重要性。
   - 提取TF-IDF值最高的前20个关键词。

预处理后的文本示例:

原始评论:

> 1.京东的发货速度在同行业里是真的快,而且所有商品包装精良,遇到过磕碰、划痕类的情况,服务非常棒!!! 复制

预处理后:

> 京东 发货 速度 同行业 真的 快 商品 包装 精良 遇到 磕碰 划痕 情况 服务 非常 棒 复制

基于TF-IDF的关键词提取结果(TOP-20):

根据TF-IDF统计方法,提取出的前20个关键词如下:

1. **京东**
2. **物流**
3. **客服**
4. **发货**
5. **商品**

图3-14

3.10.3 DeepSeek数据分析的优势与建议

1. 优势

（1）高效的数据清洗与预处理功能

DeepSeek能够自动识别和处理缺失值、异常值和重复数据，确保数据质量，用户还可以根据具体需求进行数据标准化、转换等预处理操作。

（2）深度学习与自动特征提取

DeepSeek能够通过深度神经网络自动提取数据中的关键特征，无须人工设计特征，提高了分析效率。它支持多种深度学习模型，包括卷积神经网络、循环神经网络等，用户可以根据任务需求选择合适的模型。

（3）开源协作与低成本优势

DeepSeek的开源特性吸引了大量开发者参与模型优化和功能扩展，降低了开发成本。其API（Application Programming Interface，应用程序编程接口）价格低廉，性价比高，使得更多用户能够受益于AI辅助的数据分析工具。

（4）实时数据分析与动态预测能力

DeepSeek能够实时处理和分析数据流，为用户提供即时的洞察和预测。尤其在金融交易监控、供应链管理等场景中，能够帮助用户快速识别异常行为并做出响应。

2. 建议

①在进行深度分析前，务必确保数据质量，使用DeepSeek提供的数据清洗工具进行必要的预处理操作。在分析复杂问题时，可以尝试结合多种类型的数据进行分析，以获得更全面、准确的结果。

②根据具体任务需求选择合适的深度学习模型，并通过优化超参数（即开始学习过程之前设置值的参数）提升模型性能。在需要实时响应的场景中，充分利用DeepSeek的实时数据分析与动态预测功能。

3.11 绘制图表

绘制图表是一种通过图形、表格等视觉元素来呈现数据信息和特征的方法。它能够将复杂的数据转化为易于理解和分析的视觉形式,帮助用户更直观地理解数据背后的趋势、模式和关联。

DeepSeek作为一款专业的AI工具,能够精准理解用户需求,并快速生成符合Mermaid语法(一种使用文本生成流程图、饼状图等图表的描述语言)规范的代码,进而转化为清晰美观的图表。它支持多种图表类型,如流程图、序列图等,且界面友好,易于操作。

3.11.1 DeepSeek绘制图表的注意事项

1. 提供背景信息

用户要向DeepSeek提供待分析的数据内容,包括数据源、数据类型、数据范围等,这些信息有助于DeepSeek更准确地理解需求并生成合适的图表。

2. 选择模型

根据具体任务的需求,选择合适的DeepSeek模型。在进行数据分析并绘制图表时,可选DeepSeek-R1模型。

3. 主动纠正和追问

如果生成的图表不符合预期,可以主动提供补充信息或修正提问,以便DeepSeek进行调整和改进。

3.11.2 操作实例解析

使用DeepSeek绘制图表可以大大提高工作效率,同时确保图表的专业性和准确性，是数据可视化的理想选择。用户可以先把数据上传至DeepSeek平台，然后输入指令让其进行绘制。

例如，用户可将2025年春节档电影票房阶段性数据上传至DeepSeek平台，并在DeepSeek的对话框中输入"请就上传文档对数据进行分析，并绘制对应的可视化图表，图表以代码形式输出即可"，点击发送按钮，DeepSeek的部分分析结果如图3-15所示。用户可以将DeepSeek给出的代码粘贴至Python运行器中，运行后即可得到相应的图表，如图3-16所示。

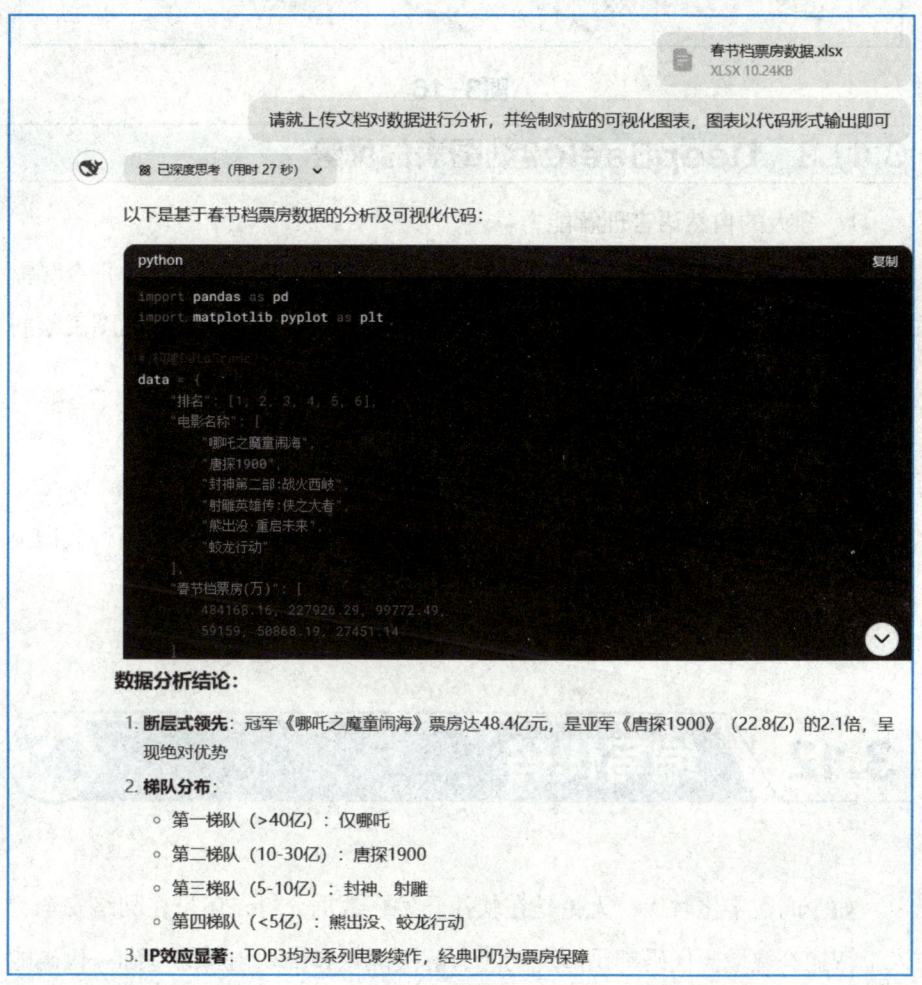

图3-15

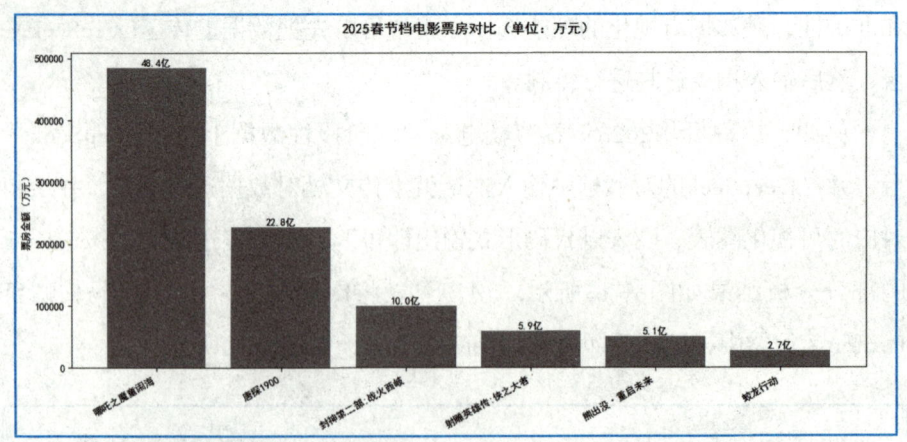

图3-16

3.11.3　DeepSeek绘制图表的优势

1. 强大的自然语言理解能力

DeepSeek具备强大的自然语言理解能力，能够准确理解用户的指令和需求。用户可以通过自然语言与DeepSeek进行交互，无须具备专业的图表绘制技能。

2. 高质量的图像生成功能

DeepSeek能够根据用户的指令以代码的形式生成高质量的图表，无论是简单的条形图、折线图，还是复杂的柱状图、饼图，甚至是包含多种数据类型的综合图表，DeepSeek都能轻松应对。

3.12　编写代码

如今的数字化时代，无论是在软件开发、数据分析，还是在网络安全、人工智能等领域，代码都是实现功能、解决问题和推动创新的基础。代码能够将人们抽象的想法和概念转化为具体的数字产品，也能够让程序自动化

处理烦琐的任务，节省大量时间和精力，使人们能够专注于更具创造性的工作。

DeepSeek还是一款功能强大的编程辅助工具，不仅能够自动生成代码，还提供了代码补全、理解与查错等功能。这对于编程人员和技术专家而言，是一个极大的助力，能够显著提升编程效率并保证代码质量。即便是编程初学者，也能在DeepSeek的引导下轻松上手。

3.12.1　DeepSeek编写代码的注意事项

1. 合理设置参数

合理设置DeepSeek参数，可以显著优化代码生成的效率与模型性能。例如，根据项目规模和需求，用户应选择合适的模型大小和窗口尺寸，设定合理的代码生成最大长度，选择是否进行采样等，以更高效地生成代码。

2. 测试与验证

在将生成的代码集成到项目中之前，需要用户对其进行充分的测试和验证，以确保代码的正确性和稳定性，减少在后续开发过程中出现问题的风险。

3. 利用DeepSeek的附加功能

DeepSeek提供了一些附加功能，如代码模板、自动调整参数等。用户可以灵活使用这些功能，更高效地编写代码并优化性能。

3.12.2　操作实例解析

使用DeepSeek编写代码时，需要用户在对话框中创建一个新的项目或定义具体编程需求，包括指定编程语言、项目类型、功能需求等，并要求DeepSeek生成相应的代码片段或解决方案。

例如，用户可在DeepSeek的对话框中输入"我是一个没有代码编写基础的学生，请你帮我写一个Python脚本，可以用来自动爬取豆瓣上的《哪吒之魔童闹海》电影影评"，点击发送按钮，DeepSeek生成的部分代码如图3-17所示，可以直接复制使用。

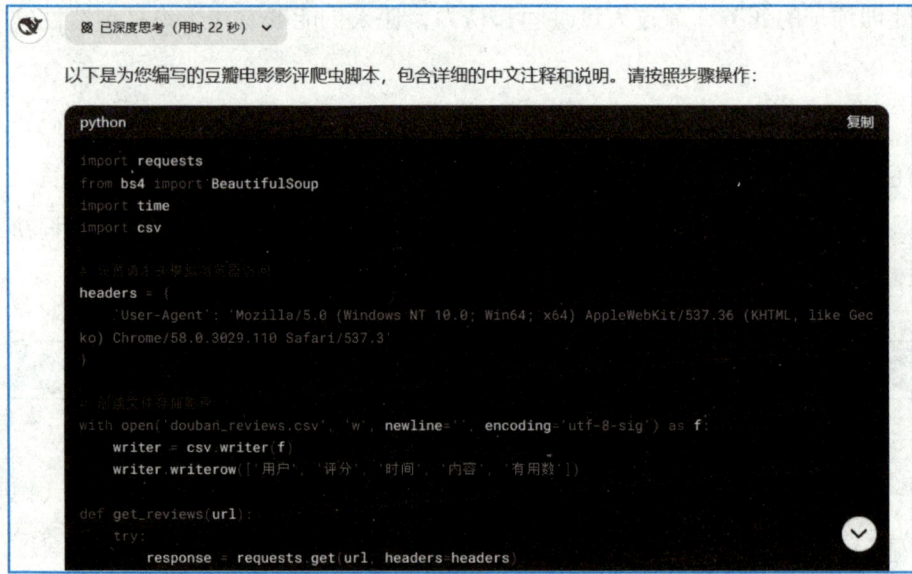

图3-17

此外，基于用户的自我描述，DeepSeek还会告诉用户该怎么使用该段代码，以及相应的扩展建议，如图3-18所示。

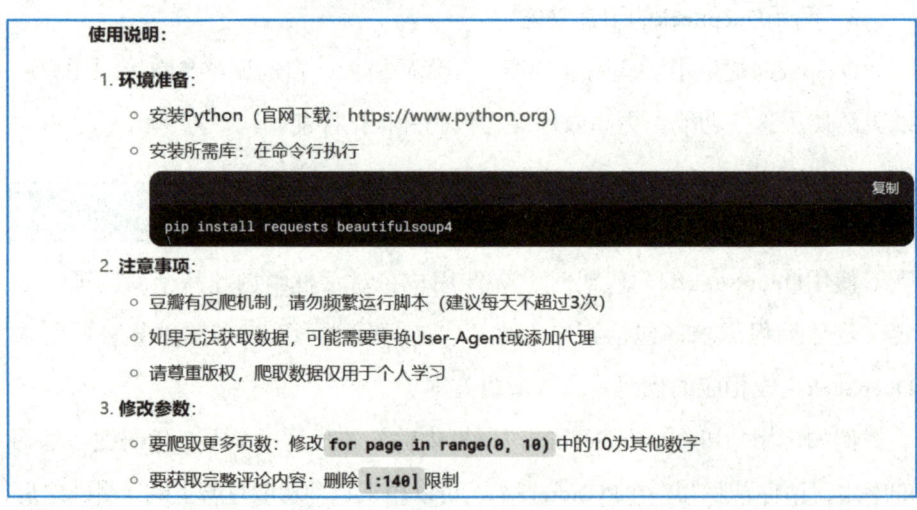

图3-18

3.12.3　DeepSeek编写代码的优势与建议

1. 优势

（1）高效的代码生成能力

DeepSeek拥有强大的语言模型，能够快速生成高质量的代码，开发者只需提供清晰的功能描述，DeepSeek就能快速生成包含类定义、函数声明等基本结构的代码框架，为后续开发节省大量时间。

（2）生成复杂算法代码

对于排序算法、搜索算法、机器学习算法等复杂算法，DeepSeek能根据算法原理和需求生成相应的代码，帮助开发者快速上手。

（3）便捷的使用方式

用户可以通过简单的API调用实现模型的加载和代码生成，非常便捷、简单。

（4）快速的定位与修复

DeepSeek能帮助开发者快速定位代码中的错误，并提供可能的修复方案，减少调试时间。

2. 建议

①用户可以根据项目规模和需求，选择合适的DeepSeek模型大小和窗口尺寸，以更高效地生成代码。

②正确处理输入的数据，对输入数据进行清洗和预处理，可以有效避免引入干扰或错误，从而提高代码生成的准确性和可靠性。

③在使用DeepSeek时，用户可以结合代码审查工具和静态分析工具，以确保代码的高质量和安全性。

3.13 智能解题

在学习过程中,总能遇到被难题挡住去路的情况,这时候身边有个智能解题助手是很多人的梦想。DeepSeek在解答复杂数学及逻辑性题型时展现出显著优势,它能智能分析题目结构,快速识别题型难点,提供清晰的解题思路。通过深度学习和算法优化,DeepSeek能精准匹配相关知识点,逐步推导解题步骤,帮助用户理解题目背后的逻辑关系。

3.13.1 DeepSeek智能解题的注意事项

1. 提供具体背景

让DeepSeek了解用户所在的情境或背景,有助于它提供更相关、更准确的答案。例如,用户可以明确告知自己是哪个年级的学生,以及遇到的具体问题。

2. 结构化提问

将问题拆解为具体、简洁的句子,避免冗长描述,这有助于DeepSeek更好地理解问题,并给出针对性的解答。

3. 使用关键词

在提问时,可以使用"解题步骤""方法"等关键词,直接标注核心需求,避免使用模糊、笼统的指令。例如,"帮我解一下这道题"这样的指令就过于模糊,不利于DeepSeek给出准确的解答。

3.13.2 操作实例解析

无论是复杂的几何证明、烦琐的代数运算,还是抽象的逻辑推理,DeepSeek都能提供详尽且易于理解的解答过程,显著提升用户的解题能力和效率。用户可以通过拍照或直接输入的方式上传题目，并要求DeepSeek给出具体解题步骤。

例如，用户可以给DeepSeek提供一道数学题目，并在DeepSeek的对话框中输入"我是一名高三的学生，请给我上述题目的解题思路及解题步骤"，点击发送按钮，DeepSeek的部分回答如图3-19所示。

已知函数f(x)=sin2x+2sinxcosx+sinsin,x∈R
(1)求f(x)的最小正周期和值域；
(2)若 x=x0 为 f(x)的一个零点，求 sin2x0 的值
我是一名高三的学生，请给我上述题目的解题思路及解题步骤

已深度思考（用时201秒）

嗯，我现在要解这个数学题，题目是已知函数f(x)=sin2x + 2sinx cosx + sinsin, x属于实数。题目分两部分，第一部分要求求f(x)的最小正周期和值域，第二部分是说如果x=x0是f(x)的一个零点，求sin2x0的值。作为高三学生，我需要仔细分析题目，找出正确的解题方法。

首先，第一部分，求最小正周期和值域。首先，我需要明确函数的结构。给出的函数是f(x)=sin2x + 2sinx cosx + sinsin。这里可能有个问题，原题中的"sinsin"是不是写错了？可能应该是sin²x或者类似的表达式，因为"sinsin"单独存在的话，不太清楚是什么意思，可能题目输入时有误。比如可能是sinx的平方，即sin²x，或者是sin(sin x)，不过后者的话，题目会更复杂，但原题中的表达式可能有问题。我需要先确认这个部分是否正确。

假设题目中的第三项是sin²x，即f(x)=sin2x + 2sinx cosx + sin²x。这样的话，可能可以简化这个表达式。因为2sinx cosx已经是sin2x，所以原式可以写成sin2x + sin2x + sin²x，即2sin2x + sin²x。不过这样合并的话，可能还是需要进一步化简。或者，可能原题中的第三项是sinx的平方，所以原式是sin2x + 2sinx cosx + sin²x。这时候，2sinx cosx就是sin2x，所以整个式子可以合并成sin2x + sin2x + sin²x，即2sin2x + sin²x。不过这样看起来可能还是需要进一步处理。

第 (1) 问：最小正周期和值域

步骤1：化简函数表达式

原函数为：
$$f(x) = \sin 2x + 2\sin x \cos x + \sin^2 x$$

注意到 $2\sin x \cos x = \sin 2x$，代入后得：
$$f(x) = \sin 2x + \sin 2x + \sin^2 x = 2\sin 2x + \sin^2 x$$

将 $\sin^2 x$ 用二倍角公式替换：
$$\sin^2 x = \frac{1 - \cos 2x}{2}$$

代入后：
$$f(x) = 2\sin 2x + \frac{1 - \cos 2x}{2} = 2\sin 2x - \frac{\cos 2x}{2} + \frac{1}{2}$$

图3-19

3.13.3 DeepSeek智能解题的优势

1. 强大的知识储备与挖掘能力

DeepSeek依靠先进的算法技术手段,构建了庞大的知识数据库,涵盖了数学等多个领域的知识,包括概念、定理、公式、解题方法及大量实际应用案例。通过对这些数据的深度挖掘和分析,DeepSeek能够快速准确地理解问题的本质,并根据问题的特点和相关知识,提供具有针对性的思考路径和解决方案。

2. 高效的推理与解答能力

DeepSeek能够运用逻辑推理算法,对问题进行逐步分析和推导,从而找到解决问题的最佳途径。在数学领域,DeepSeek不仅能够给出题目的答案,还能够探讨不同解法、分析图形之间的转化关系,以及在不同实际情境中如何灵活运用相关公式。

3. 持续更新与优化

DeepSeek采用了强化学习的方式,可以通过不断试错和调整找到最优解题方法。并且,随着学科知识的不断更新和发展,DeepSeek通过持续更新和优化其知识库,可以确保提供的解答和推荐内容始终与最新学科知识保持一致。

第4章
教师的智能好帮手

4.1 制订教学计划

教学计划能够帮助教师明确教学目标，优化教学流程，确保教学活动有序高效进行。通过个性化调整教学计划，能够激发学生兴趣，满足学生多样化需求。同时，教学计划作为预估教学效果的依据，能帮助教师了解教学成效，及时调整策略。

DeepSeek能够基于大数据和人工智能技术，为教师提供结合最新教育理念的教学计划建议，有助于提升教学质量。

4.1.1 DeepSeek制订教学计划的注意事项

1. 明确身份

在提问时，用户首先要明确自己的身份（如某学科教师），这样有助于DeepSeek更准确地理解需求。例如，在DeepSeek的对话框中输入："我是一名初中语文教师。"

2. 明确具体信息与目标

为了获得更贴合实际的教学计划建议，用户提问时应提供详细的背景信息，包括教材版本、学科、年级、学生特点、教学时长、教学目标等。例如，在DeepSeek的对话框中输入："我负责教授初中一年级英语，新学期发现大部分学生不认识音标，请为我设计一个为期两周的英语音标教学计划。"

3. 使用结构化提问

提问时可以使用结构化句式。例如，在DeepSeek的对话框中输入："请依托统编版小学三年级语文教材，生成一份教学计划，内容包含以下要素：①教学目标（知识与技能、过程与方法、情感态度与价值观）；②每周教学内容安排；③推荐的教学方法（如讲授法、讨论法、实验法等）；④阶段性评价方式（如单元测试、课堂表现等）。要求：结合课程标准，语言简洁明了。"

4.1.2 操作实例解析

运用DeepSeek，教师可以更便捷地获取丰富的教学资源和活动设计，从而节省大量备课时间，提高工作效率。

例如，在DeepSeek的对话框中输入"我是一名负责教授大学二年级人工智能专业的教师，请帮我设计一份为期一个学期的教学计划，内容包含以下要素：①教学目标；②每周教学内容安排；③教学方法；④阶段性评价方式（如平时作业完成情况、课堂表现等）"，点击发送按钮，DeepSeek的部分回答如图4-1所示。

> 以下是为大学二年级人工智能专业设计的一个为期一个学期的教学计划，涵盖教学目标、每周教学内容安排、教学方法以及阶段性评价方式。
>
> **① 教学目标**
> 1. 知识目标：
>   ○ 掌握人工智能的基本概念、发展历史及主要应用领域。
>   ○ 理解机器学习、深度学习、自然语言处理、计算机视觉等核心技术的原理与算法。
> 2. 素养目标：
>   ○ 培养学生的逻辑思维、创新能力和团队协作精神。
>   ○ 引导学生关注人工智能的伦理和社会责任。
>
> **② 每周教学内容安排**
>
> | 周次 | 主题 | 具体内容 |
> | --- | --- | --- |
> | 第1周 | 课程导论 | - 人工智能概述
- 人工智能发展历史
- 人工智能的主要应用领域 |

图4-1

4.1.3　DeepSeek制订教学计划的优势

1. 智能教案生成

输入教学目标和要求后，DeepSeek能自动生成结构化的教案框架，包括导入、探究、练习等环节，并提供多样化的教学活动模板，有助于教师快速搭建教案的基本结构，节省大量时间，并确保教案内容完整、逻辑清晰。

2. 资源整合与推荐

根据课程主题，DeepSeek可以推荐相关的跨学科素材，助力项目式学习设计，通过引入不同学科的资源，丰富教学内容，增强学生的跨学科理解力。DeepSeek还能自动匹配国内主流教材版本，尽可能确保推荐的习题和案例符合教学大纲要求。

3. 个性化学习支持

DeepSeek能根据学生的能力分布，为教师推荐分层练习包，包括基础巩固题和拓展挑战题，有助于教师进行针对性教学，帮助学生更好地掌握和理解知识。

4.2　编写教案

教案是教师为了完成课堂教学任务而预先设计的教学方案，是教学活动的详细规划。它通常包括教学目标、教学内容、教学方法、教学步骤、教学评价等多个方面，目的是确保教学活动有序、高效地进行。教案的编写需要教师根据学生的实际情况、课程标准和教学内容，进行深入思考和准备。它不仅是教师组织教学活动的指南，也是教师进行教学反思和持续改进的依据。通过撰写教案，教师可以更好地把握教学节奏，引导学生积极参与，实现教学目标，提升教学质量。

DeepSeek凭借强大的自然语言理解和生成能力，能根据教学目标快速生成结构化的教案框架，提供多样化的教学活动模板。同时，它还能整合跨学科资源，推荐相关素材和习题，确保教学内容丰富且符合大纲要求。

4.2.1 DeepSeek编写教案的注意事项

1. 结构化提问

使用"角色+场景+需求"的公式进行提问，如"我是初中语文老师，要给八年级的学生设计《背影》这篇课文的教案，重点分析人物情感，你能帮我设计一下吗？"这种提问方式有助于DeepSeek更准确地理解需求，并提供贴合实际的回答。

2. 明确需求

在提问时，用户应该清晰、具体地描述自己的需求，避免模糊或笼统的表述。例如，可以明确指定需要生成的内容类型、数量、难度等。

4.2.2 操作实例解析

通过对上述注意事项的掌握，我们可以采用结构化提问方式，让DeepSeek编写符合要求的教案。

例如，用户可在DeepSeek的对话框中输入"我是一名大学二年级教师，我要给学生设计《外国文学史》中有关'古印度文学'的教案内容，请重点分析不同时期古印度文学的发展情况"，点击发送按钮，DeepSeek的部分回答如图4-2所示。DeepSeek给出了具体的教学目标（知识目标、能力目标、情感目标）、教学重难点、教学方法、教学过程（导入新课、讲授新课、课堂讨论、课堂小结、布置作业）、教学反思、板书设计、参考资料及教学后记等部分，结构完整，内容翔实。

> **《古印度文学》教案设计**
>
> 一、教学目标
>
> 1. 知识目标：
>   - 了解古印度文学的分期及主要成就。
>   - 掌握吠陀文学、史诗文学、古典文学和佛教文学的代表作品及思想内涵。
>   - 理解古印度文学与宗教、哲学、社会制度的密切关系。
>
> 四、教学过程
>
> （一）导入新课（5分钟）
>
> - 播放印度传统音乐，展示印度风土人情图片，营造氛围。
> - 提问：你对古印度文学有哪些了解？引导学生思考古印度文学的独特魅力。
>
> （二）讲授新课（70分钟）
>
> 1. 古印度文学概述（10分钟）
>
> - 古印度文学的分期：吠陀时期、史诗时期、古典时期、中世纪时期。
> - 古印度文学的特点：宗教性、哲学性、象征性、艺术性。
>
> 2. 吠陀文学（15分钟）

图4-2

4.2.3 DeepSeek编写教案的优势

1. 快速生成教案框架

根据学科、年级、教学目标等输入信息，DeepSeek能够自动生成结构化的教案框架，包括导入、探究、练习等环节，节省大量时间。

2. 支持个性化定制和智能优化

DeepSeek可以根据教师的具体需求，灵活调整教案的结构、内容和呈现方式，生成个性化教案。

3. 提供多样化教案模板和案例

DeepSeek提供多种类型的教案模板，涵盖不同学科、学段和教学场景，教师可以根据需要进行选择和修改，节省备课时间。DeepSeek还汇集了众多优秀教师的教案案例，教师可以参考借鉴，学习先进的教学理念和方法，提升教案质量。

4.3 分析教学重难点

通过分析教学重难点，教师可以对关键知识点进行充分的讲解和强化，设计更有效的教学策略，帮助学生更好地理解和掌握这些内容；教师还能借此预测学生在学习过程中可能遇到的困难，提前准备相应的解决方案，从而提升学生的学习效率和成绩。

DeepSeek能够依托强大的算法和数据分析能力，精准定位课堂知识点中的难点和易错点，帮助教师明确教学重点，优化教学策略。

4.3.1 DeepSeek分析教学重难点的注意事项

1. 明确教学目标

在分析教学重难点之前，教师需要明确教学目标，即希望学生通过学习收获什么样的知识、技能，或是达成怎样的情感态度目标，以更加准确地把握教学方向，从而确定哪些内容是学生必须掌握的重难点。

2. 明确教学内容

用户在提问时要具体明确，避免使用模糊或笼统的表述。例如，不要问"这个章节有哪些难点？"而是要问"在'分数的加减法'这一章节中，学生在哪些具体知识点上容易出错，哪些内容是重点？"这样的问题有助于DeepSeek提供更精确的分析和建议。

4.3.2 操作实例解析

在使用DeepSeek分析教学重难点时，用户可以先将书本内容上传至DeepSeek平台再进行追问。

例如，在DeepSeek的对话框中输入"请帮我搜索人教版高中数学里的

'直线与方程'内容",点击发送按钮,DeepSeek的部分回答如图4-3所示。继续输入"请就上述学习内容进行重难点分析",DeepSeek的部分回答如图4-4所示。

> 🔍 已搜索到 50 个网页 >
>
> 🧠 已深度思考(用时 40 秒) >
>
> 人教版高中数学必修2第三章《直线与方程》的核心内容整理如下:
>
> ---
>
> **一、直线的基本概念**
>
> 1. 倾斜角与斜率
>   - **倾斜角**:直线向上的方向与x轴正方向所成的最小正角,范围是 $0 \leq \alpha < 180°$。当直线与x轴平行或重合时,倾斜角为 $0°$ ① ⑨。
>   - **斜率**:倾斜角 α 的正切值,即 $k = \tan \alpha$ $(\alpha \neq 90°)$。若直线过两点 $P(x_1, y_1)$ 和 $Q(x_2, y_2)$,则斜率公式为 $k = \frac{y_2 - y_1}{x_2 - x_1}$ $(x_1 \neq x_2)$ ① ⑨。
>
> 2. 特殊倾斜角与斜率
>   - 当 $\alpha = 0°$ 时,$k = 0$;$\alpha = 45°$ 时,$k = 1$;$\alpha = 135°$ 时,$k = -1$ ① ⑨。

图4-3

> **一、重点内容**
>
> 1. 倾斜角与斜率的计算
>   - **核心**:斜率公式 $k = \tan \alpha$ 和 $k = \frac{y_2 - y_1}{x_2 - x_1}$ 的应用。
>   - **关键点**:
>   - 倾斜角 α 的范围是 $0° \leq \alpha < 180°$,斜率不存在时(即垂直x轴的直线)需单独讨论。
>   - 斜率公式中必须确保 $x_1 \neq x_2$,否则分母为零会导致错误。
> 2. 直线方程的灵活转换
>
> **二、难点突破**
>
> 1. 倾斜角与斜率的对应关系
>   - 常见问题:
>   - 误认为倾斜角为钝角时斜率为负数(正确,但需注意计算时的正负号);
>   - 忽略斜率不存在的情况(如直线 $x = 3$)。
>   - 解决方法:
>   - 结合图像理解倾斜角的范围,通过画图区分不同倾斜角对应的斜率正负。

图4-4

4.3.3　DeepSeek分析教学重难点的优势

1. 高效精准分析

DeepSeek具备强大的自然语言处理和多模态理解能力，能够迅速理解教学内容，精准分析教学重难点；能够识别出学生在学习过程中可能遇到的困难点，为教师提供有针对性的教学建议。

2. 智能评估与反馈

DeepSeek能够针对教学重难点，提供详细的解析和错误提示，帮助教师及时纠正学生的错误，提高学生学习效率。

3. 降低教师负担

利用DeepSeek的智能分析和辅助功能，教师可以更加轻松地准备课程、批改作业和进行教学管理，这有助于减轻教师的文案工作负担，让他们有更多时间和精力关注学生的个性化需求和成长。

4.4　分析学情

通过分析学生的学情，教师可以深入了解学生的学习基础和能力水平，从而制订更具针对性的教学计划，采用更合适的教学策略。因此，分析学情有助于激发学生的学习兴趣，提高教师教学效果，还能帮助教师及时发现学生在学习过程中遇到的问题，以便及时调整教学方案，为学生提供必要的辅导和支持。

DeepSeek具有强大的数据分析与整理总结能力，能够帮助教师快速完成分析学情的工作，为后续的个性化辅导和教学调整提供有力依据。

4.4.1 DeepSeek分析学情的注意事项

1. 明确分析目标

在进行分析学情之前,教师需要明确分析的目标,如学生的学习进度、掌握程度以及存在的问题等,从而更加有针对性地利用DeepSeek进行分析,并获取有价值的信息。

2. 收集全面数据

DeepSeek分析学情依赖于学生的学习数据。因此,教师需要收集学生已完成的作业、测试成绩、课堂表现等多方面的数据,上传至DeepSeek,以便DeepSeek能够进行全面、准确的分析。

3. 使用场景化模板

教师可以根据具体的教学场景构建问题模板,以便更好地引导DeepSeek进行分析。例如,用户可在DeepSeek的对话框中输入:"我是一位小学数学教师,需要了解六年级一班学生在数学'分数的加减法'章节的学习情况,请提供详细的分析报告,包括学习进度、掌握程度、易错点及教学建议。"

4.4.2 操作实例解析

DeepSeek在对学生测试数据等资料进行整理分析后,可以迅速生成学情分析报告,包括知识掌握情况、常见错误分析及学习能力分层等内容。

例如,用户可在DeepSeek中上传一份数学测试卷及成绩表,并在DeepSeek的对话框中输入:"请根据上述材料对学生学习情况进行分析。同时,根据学生学习情况划分巩固组和补漏组,并生成两套相对应的试题。"点击发送按钮,DeepSeek的部分回答如图4-5所示。

> 📎 2023年新课标全国Ⅱ卷数学... 📎 学生成绩表.xlsx
> DOCX 236.42KB   XLSX 10.39KB
>
> 请根据上述材料对学生学习情况进行分析。同时，根据学生学习情况划分巩固组和补漏组，并生成两套相对应的试题。
>
> ❋ 已深度思考（用时19秒）▼
>
> **学生学习情况分析**
>
> 1. 成绩分布：
>   - 高分段（80分以上）：共6人，占比25%，基础扎实，但在复杂题型（如数列综合应用、立体几何证明、函数极值分析）上可能存在细节处理不足。
>   - 中分段（60-79分）：共8人，占比33%，对基础知识点有一定掌握，但综合应用能力较弱（如概率统计、圆锥曲线、导数单调性分析）。
>   - 低分段（60分以下）：共10人，占比42%，基础薄弱，需强化基本概念（如复数几何意义、集合运算、等差数列通项公式）。
>
> 2. 分组建议：
>   - 巩固组：成绩≥80分的学生（张乐乐、张勇勇、小伟、张浪、明芹、卦小斌），目标为提升综合解题能力和难题突破。
>   - 补漏组：成绩<70分的学生（黎前勇、辰亮、长于国、杨金萍、张旭红、张桂林、冉海龙、冉小利、冉香香、肖玲、张小敏等），目标为夯实基础，纠正常见错误。

图4-5

4.4.3 DeepSeek分析学情的优势与建议

1. 优势

①通过大数据分析技术，DeepSeek能为每个学生绘制出详细的学习画像，这些数据不仅能反映学生对知识的掌握程度，还能揭示学生的学习习惯、兴趣偏好以及学习过程中的心理状态。

②DeepSeek能够深入分析学生的学习数据，准确识别学生的学习难点和薄弱环节，促进教师了解学生对不同知识点的关注程度和学习兴趣，进而判断学生在学习哪些知识点上存在困难。

③基于精准的学情分析，DeepSeek能够为每个学生量身定做专属的学习计划，因材施教。它可以根据学生的学习水平和目标，制订出详细的学习计划，并根据学生的学习进度和掌握情况动态调整学习计划。

2. 建议

①用户应不断优化DeepSeek的数据分析功能，提高学情分析的准确性和效率，同时可以引入更多的教育心理学知识和学习科学理论，使DeepSeek生成的学情分析更加科学、全面。

②在收集和分析学生学习数据的过程中，用户还应注重数据安全和隐私保护，确保学生的信息不被泄露或滥用。遵循相关法律法规和伦理规范，建立严格的数据管理和使用制度。

4.5 设计作业

作业练习有助于学生巩固和深化在课堂上所学的知识，使其发现自己的薄弱环节，更好地理解和掌握知识要点。此外，学生在完成作业的过程中，需要独立思考、分析问题并寻找解决方案，有助于培养他们自主学习和解决问题的能力。同时，作业也是教师评估学生学习效果的一种重要手段。教师可以通过批改作业，了解学生对知识的掌握情况，以便及时调整教学策略，提高教学效果。因此，设计作业这一环节非常重要。

DeepSeek能通过数据分析与自然语言处理能力，帮助教师设计出适合学生巩固和提高的作业。并且，结合第三方平台，DeepSeek还能为教师提供实时的作业反馈，帮助教师及时调整教学策略，确保教学效果的最大化。

4.5.1 DeepSeek设计作业的注意事项

1. 明确练习目标

明确布置作业的具体目标是为了巩固知识、提升技能，还是培养学生创新思维能力，以便DeepSeek针对培养目标设计合理的作业。

2. 提供教学内容

在使用DeepSeek设计作业练习时,教师要先说明学生所学内容,确保DeepSeek设计的作业内容紧密围绕教学目标,避免偏离主题。

3. 使用专业术语

设计试题与写作其他文案不同,在使用DeepSeek设计试题时,应该要求DeepSeek使用专业的学术语言,这样有助于学生规范学习,提升认知水平。

4.5.2 操作实例解析

用户通过适当的提问,可以使DeepSeek深度挖掘学生的学习数据,识别他们的强项与弱点,从而生成针对性强的练习题。

例如,用户可在DeepSeek的对话框中输入:"根据高中数学里的直线与方程知识,设计三级分层作业:A级(基础),5道填空题;B级(巩固),3道选择题;C级(拓展),1道应用题。附:各层级评分标准与答案解析要点。"点击发送按钮,DeepSeek的部分回答如图4-6所示。

> 已深度思考(用时25秒)
>
> **A级(基础):填空题(5道)**
>
> **评分标准:** 每题4分,答案正确得满分,错误或不答得0分。
>
> 1. 过点 $(2, -3)$ 且斜率为4的直线方程为_____。
> 2. 直线 $3x - 2y + 6 = 0$ 的斜率是_____。
> 3. 直线 $y = \frac{1}{2}x + 5$ 在 y 轴上的截距是_____。
> 4. 过点 $(-1, 4)$ 和 $(3, 0)$ 的直线方程是_____。
> 5. 若直线 l_1 与 $l_2: y = -3x + 1$ 平行,则 l_1 的斜率是_____。
>
> **答案解析要点:**
>
> 1. 点斜式 $y + 3 = 4(x - 2)$,化简为 $y = 4x - 11$。
> 2. 化为斜截式 $y = \frac{3}{2}x + 3$,斜率为 $\frac{3}{2}$。
> 3. 直接读截距5。
> 4. 两点式求斜率 $k = \frac{0-4}{3+1} = -1$,方程 $y - 4 = -1(x + 1)$,化简为 $x + y = 3$。
> 5. 平行直线斜率相同,答案为 -3。

图4-6

4.5.3 DeepSeek设计作业的优势

1. 先进技术与海量数据的支持

DeepSeek集成了深度学习、自然语言处理、数据挖掘等先进技术，能够对海量数据进行深度挖掘和分析，提取有价值的信息和知识。

2. 对动态变化的把握

DeepSeek能够实时跟踪学科动态和学生需求变化，为设计作业提供精准的洞察和决策支持。

3. 个性化服务

DeepSeek能够根据用户具体需求提供个性化的设计建议和优化方案。

4.6 整理教学资源

通过整理教学资源，可以系统地归类和存储各类教学资源，如教案、课件、习题库等，便于教师快速查找和使用。此外，定期更新和优化教学资源，能使教学的方向紧跟教育发展趋势，提升教学内容的时效性和实用性。

DeepSeek可以快速识别并整理各类教学资源，如文档、图片、视频等，大大节省了教师手动整理的时间。

4.6.1 DeepSeek整理教学资源的注意事项

1. 结构化提问

用户在提问时，可以采用类似"学科+年级+知识点+相关资源"的结构化提问方式，使DeepSeek能够更全面地搜集资料进行内容整理。

2. 提供资料

教师也可以将自己的教学资料（如教案、学生作业、课堂评价等）上传至DeepSeek平台，使DeepSeek综合所有资料，形成个性化的教学资源库。

4.6.2 操作实例解析

通过对上述注意事项的掌握，我们可以让DeepSeek智能识别教学资源的主题、难度等关键信息，实现教学资源的精准归类。

例如，用户可在DeepSeek的对话框中输入"请收集图书情报学科与信息检索相关的教学资源，包括优秀教学案例、教学视频、典型练习题等内容"，点击发送按钮，DeepSeek的部分回答如图4-7所示。

> ⟳ 已搜索到 50 个网页 ›
>
> ▦ 已深度思考（用时 22 秒）▾
>
> 以下是针对图书情报学科中信息检索相关教学资源的整理，综合了国内外课程、教学案例、视频资源及练习题等内容，结合多个来源的优质信息：
>
> ━━━━━━━━━━━━━━━━━━━━━━━━━━━━━━━━
>
> **一、课程资源与教学案例**
>
> 1. **江南大学图书馆《信息检索与利用》系列课程**
>   - **本科课程**：分为专业选修课和通识课，涵盖文献检索基础知识、专业资源利用、信息安全与知识产权等内容，采用"课堂讲授+上机实习"模式，强调信息分析与综合能力培养[1]。
>   - **研究生课程**：聚焦科研场景，教授文献管理软件（如EndNote）、文献分析工具及学术写作规范，培养学术诚信与科研能力[1]。
>   - **慕课资源**：提供免费的《信息检索与利用》在线课程，内容覆盖异构数据检索、信息挖掘与处理技术，适合社会学习者自学[1]。
>   - **微课堂**：以短视频形式讲解信息素养知识点，如数据库使用技巧、检索策略优化，适合碎片化学习[1]。
>
> 2. **武汉学院《信息素养教育与实践》课程**
>   - 面向全校学生的通识选修课，结合传统学术资源（图书、专利、标准）与网络资源（问答社区、社交媒体），注重司法、教育、企业等领域的实用信息检索[1,2]。
>   - 课程设计以"终身学习能力"为导向，融入毕业论文写作、就业信息检索等场景化教学案例[1,2]。

图4-7

4.6.3　DeepSeek整理教学资源的优势与建议

1. 优势

①DeepSeek能够迅速分析并整理大量教学资源，大大节省了教师手动整理的时间。通过智能匹配和分类，DeepSeek能确保资源的准确性和相关性，提高备课效率。

②DeepSeek利用先进的自然语言处理技术，可以对教学资源进行精准分类，并生成相应的标签，有助于教师快速检索和定位所需资源，提高教学效率。

③DeepSeek会优先推荐更新、更权威的教学资源，确保资源的准确性和可靠性。教师无须再花费大量时间筛选和验证资源的真实性，可以更加专注于教学本身。

2. 建议

①在使用DeepSeek整理教学资源之前，教师应明确教学目标和内容，以便有针对性地搜索和筛选资源。

②教师应定期更新和维护自己的教学资源库，确保资源的时效性和准确性，如定期与DeepSeek进行交互，及时获取最新的教学资源。

4.7　编写教师培训方案

通过培训，教师可以掌握最新的教学方法和技术，更好地理解学生的需求，提高教学效果。此外，适当的培训还能促进教师间的交流与合作，分享成功经验，共同解决教学难题。因此，编写教师培训方案是十分重要的一项工作。

DeepSeek拥有庞大的知识库，涵盖了多个领域和行业的专业知识。这使得它能够根据培训的主题和需求，提供丰富、准确的信息和案例，提高培训方案的深度和广度。

4.7.1 DeepSeek编写教师培训方案的注意事项

1. 明确背景与需求

用户在提问前，应先明确自己的培训目标和需求。例如，用户可以在DeepSeek的对话框中输入："我正在编写一份教师培训方案，目的是帮助教师学习最新的教学方法，成为课堂的主导者。"

2. 构建问题语句

提问时要使用清晰、简洁的语言，避免使用模糊或抽象的表述。

3. 添加必要细节

提问时可以添加必要的细节，如学科、年级、具体培训内容等，以便DeepSeek提供更精准的回答。

4.7.2 操作实例解析

通过对上述注意事项的掌握，我们可以对DeepSeek直接输入明确的指令，让其快速编写教师培训方案。

例如，用户可在DeepSeek的对话框中输入"我正在编写一份教师培训方案，目的是帮助教师树立良好的师风师德观念，引导学生树立良好的品德观念"，点击发送按钮，DeepSeek的部分回答如图4-8所示。

> 我正在编写一份教师培训方案，目的是帮助教师树立良好的师风师德观念，引导学生树立良好的品德观念

教师培训方案：树立师风师德，引领学生品德发展

一、培训目标

- **深化师德认知**：帮助教师深入理解新时代师德内涵，明确师德红线，增强立德树人的使命感和责任感。
- **提升师德修养**：引导教师将师德规范内化于心、外化于行，在日常教育教学中以身作则，成为学生为学、为事、为人的示范。
- **掌握育人方法**：指导教师将德育融入教育教学全过程，探索有效的德育途径和方法，提升育人实效。
- **构建和谐师生关系**：促进教师与学生建立平等、尊重、信任的师生关系，营造良好的育人氛围。

二、培训对象

全体教师

三、培训内容

图4-8

4.7.3 DeepSeek编写教师培训方案的优势

1. 高效且灵活

DeepSeek在编写教师培训方案时，能够快速理解培训目标、受众需求以及培训内容的核心要点，从而生成结构清晰、逻辑连贯的培训方案。此外，DeepSeek还能根据用户的具体需求，如培训时长、场地限制等，对方案进行灵活调整，确保方案的实用性和针对性。

2. 定制化服务

DeepSeek支持定制化服务，可以根据用户的特定需求，如企业文化、受众背景等，对培训方案进行个性化定制，使方案更加贴合用户的实际需求。

3. 节省成本

相比于传统的人工编写培训方案，使用DeepSeek编写可以显著降低成本。一方面，DeepSeek的训练和推理成本较低，使得用户能够以较低的价格获得高性能的AI服务；另一方面，DeepSeek能够自动生成大量的培训材料和内容，节省了人工编写的时间和成本。

第5章
开拓职场写作新视野

5.1 完善求职简历

求职简历是个人求职时向用人单位介绍自己的一种书面材料,它通常包含了个人的基本信息、教育背景、工作经历、技能专长及自我评价等内容。简历的主要目的是以最简洁明了的方式,展现求职者的综合素质和与应聘岗位相关的优势,帮助求职者获得面试机会。

DeepSeek能通过自然语言处理和语义分析技术精准解析职位描述,自动比对岗位需求中的核心技能与经验指标,从而帮助求职者快速调整简历内容,以符合岗位需求。此外,DeepSeek还能自动分析职位描述,精准提取关键技能和要求,并根据这些信息生成个性化的简历内容,再对简历进行语言优化,确保表述专业、简洁有力,从而增加求职者获得面试机会的可能性。

5.1.1 DeepSeek完善求职简历的注意事项

1. 上传简历,初步优化

用户可以先将现有简历发给DeepSeek,让它分析这份简历存在的问题,以及需要修改和提升的内容;并要求DeepSeek按照教育背景、工作经历、项目成果、技能证书等模块重组内容,删除无效信息,如兴趣爱好等,保持信息完整性并优化排版格式。

2. 添加关键词,匹配职位

用户还需向DeepSeek发送目标岗位画像,摘录岗位关键词。例如,在DeepSeek的对话框中输入:"这是我的简历和待应聘岗位的关键词,帮我在工作经历中自然嵌入这些关键词,替换一般性描述,提升与岗位的匹配度。"

3. 提取亮点,优化自评

针对修改之后的简历,用户可以要求DeepSeek在简历最后加上自我评价内容。例如，在DeepSeek的对话框中输入："请结合简历内容，生成一段个性化自我评价，突出核心技能和竞争优势。"

5.1.2　操作实例解析

通过对上述注意事项的掌握，用户可以向DeepSeek分步提问，使其有针对性地完善求职简历。

例如，用户可先上传一份自己制作的简历，并在DeepSeek的对话框中输入"请对上述简历进行优缺点分析，并将各模块进行重组优化"，点击发送按钮，DeepSeek的回答分析了简历的优缺点，并给出了优化建议及优化后的各模块内容，部分回答如图5-1所示。

图5-1

用户可以继续与DeepSeek进行交流,将要应聘岗位的要求提供给DeepSeek,并要求DeepSeek帮你制作一份简历。例如,用户可以先将对应聘岗位进行描述的文本上传至DeepSeek平台,然后在DeepSeek的对话框中输入"我将要应聘的岗位为档案管理员,以上是岗位画像,请结合岗位画像和我的自身优势,为我生成一份个性化的简历,输出格式为HTML代码",点击发送按钮,DeepSeek的部分回答如图5-2所示。单击DeepSeek回答内容中代码右下角的"运行HTML",即可看到DeepSeek生成的文字版简历,部分简历如图5-3所示。

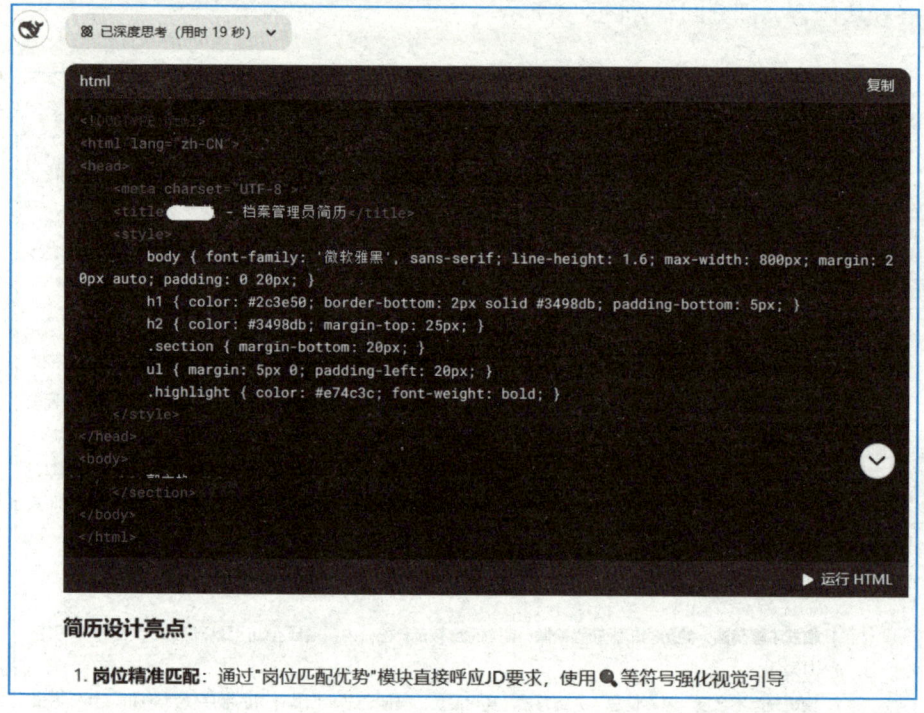

图5-2

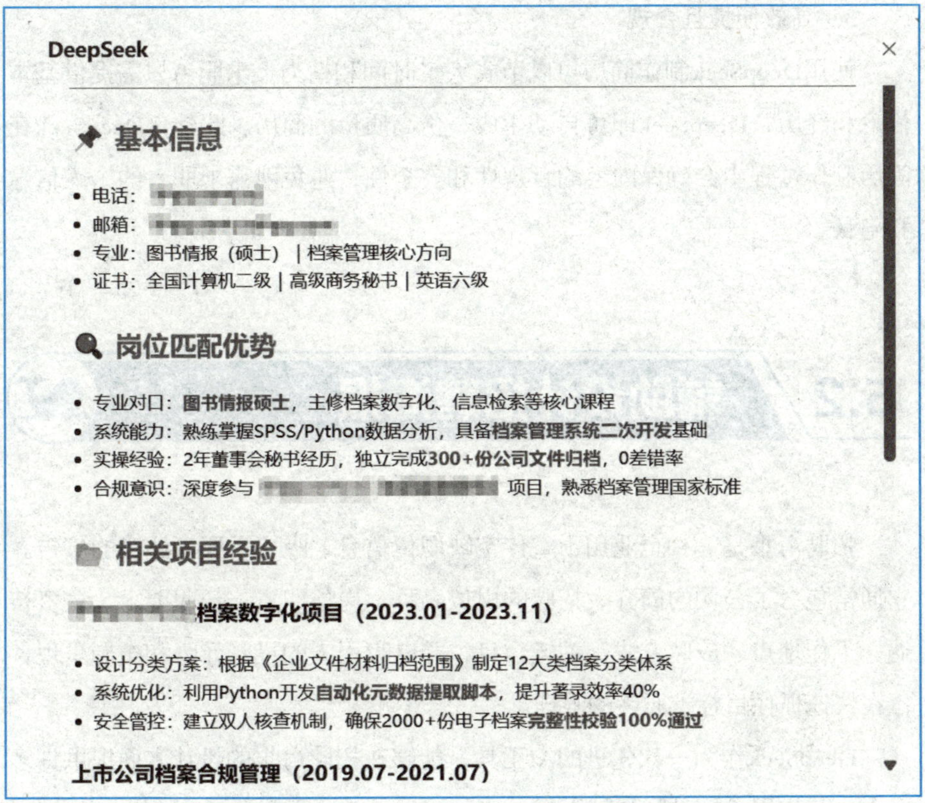

> **DeepSeek** ×
>
> 📌 **基本信息**
> - 电话：▇▇▇▇
> - 邮箱：▇▇▇▇
> - 专业：图书情报（硕士） | 档案管理核心方向
> - 证书：全国计算机二级 | 高级商务秘书 | 英语六级
>
> 🔍 **岗位匹配优势**
> - 专业对口：图书情报硕士，主修档案数字化、信息检索等核心课程
> - 系统能力：熟练掌握SPSS/Python数据分析，具备档案管理系统二次开发基础
> - 实操经验：2年董事会秘书经历，独立完成300+份公司文件归档，0差错率
> - 合规意识：深度参与▇▇▇▇▇▇▇▇▇项目，熟悉档案管理国家标准
>
> 📁 **相关项目经验**
>
> ▇▇▇▇▇**档案数字化项目（2023.01-2023.11）**
> - 设计分类方案：根据《企业文件材料归档范围》制定12大类档案分类体系
> - 系统优化：利用Python开发自动化元数据提取脚本，提升著录效率40%
> - 安全管控：建立双人核查机制，确保2000+份电子档案完整性校验100%通过
>
> **上市公司档案合规管理（2019.07-2021.07）**

图5-3

5.1.3 DeepSeek完善求职简历的优势

1. 智能化解析与重构

DeepSeek能够根据用户上传的文档快速解析和重构简历内容，使其更符合目标岗位的要求。通过智能算法，DeepSeek可以提取简历中的关键信息，如教育背景、工作经历、相关技能等，并根据岗位需求对简历进行重新排列。

2. 优化简历结构与内容

DeepSeek能够根据求职者的背景和岗位需求，优化简历的结构和内容。它可以添加针对目标岗位的关键词，提升简历的吸引力，还可以突出求职者的核心技能和成就，使其简历更具说服力。

3. 高效便捷且合规

使用DeepSeek制作简历可以节省大量时间和精力，求职者只需提供基本信息和经历，DeepSeek即可自动生成一份高质量的简历。此外，DeepSeek在简历制作过程中会确保内容的合规性和安全性，避免泄露求职者的个人信息和隐私。

5.2 辅助设计招聘海报

招聘海报是一种企业用于宣传空缺职位信息、吸引求职者注意的广告。它通常包含了公司的简介、招聘的岗位名称、岗位职责、任职要求、薪资待遇、工作地点、应聘方式等关键信息，并以吸引人的设计元素和布局呈现，旨在快速抓住目标求职者的眼球。

DeepSeek作为一款先进的AI工具，能够在招聘海报的设计方面提供许多助力，节省用户的时间和精力。

5.2.1 DeepSeek辅助设计招聘海报的注意事项

1. 精准提问

用户可以使用类似"角色+需求"的格式进行提问，如"请作为招聘海报设计师，为我设计一款针对市场营销岗位的招聘海报，要求突出公司实力和发展前景，使用吸引人的设计元素，并附上联系方式"。

2. 提供背景

用户应给DeepSeek提供公司背景、文化等相关信息，以便DeepSeek在海报设计时融入这些元素。

3. 借助第三方AI工具

由于DeepSeek目前无法直接生成图片、视频、音频等非文本内容，因此用户需要将DeepSeek生成的文本内容导入第三方AI工具中，以生成招聘海报。例如，用户可以让DeepSeek输出AI绘图提示词，然后将提示词复制到"创客贴"中，使之生成招聘海报。

5.2.2 操作实例解析

运用DeepSeek和第三方AI工具生成招聘海报的过程，是一个结合了人工智能技术与用户需求导向的高效流程。

例如，用户可以在DeepSeek的对话框中输入"作为招聘海报设计师，为我设计一款针对研发类岗位的招聘海报，要求内容要有岗位描述、招聘负责人联系方式，公司背景为新能源企业"，点击发送按钮，DeepSeek的部分回答如图5-4所示。

> **招聘海报设计方案：研发类岗位（新能源企业）**
>
> **海报标题**
> "加入我们，驱动未来——新能源研发精英招募中！"
> （标题简洁有力，突出新能源行业的前景和使命感，吸引目标人群。）
> **视觉设计风格**
> - **主色调**：采用科技蓝和环保绿，象征新能源行业的创新与可持续发展。
> - **背景元素**：使用风能、太阳能电池板、电动汽车等新能源相关元素，搭配简洁的科技线条，营造未来

图5-4

我们可以登录"创客贴"网页，单击左侧"创客贴AI"，选择"热门模型"下的"招聘海报"，如图5-5和图5-6所示。

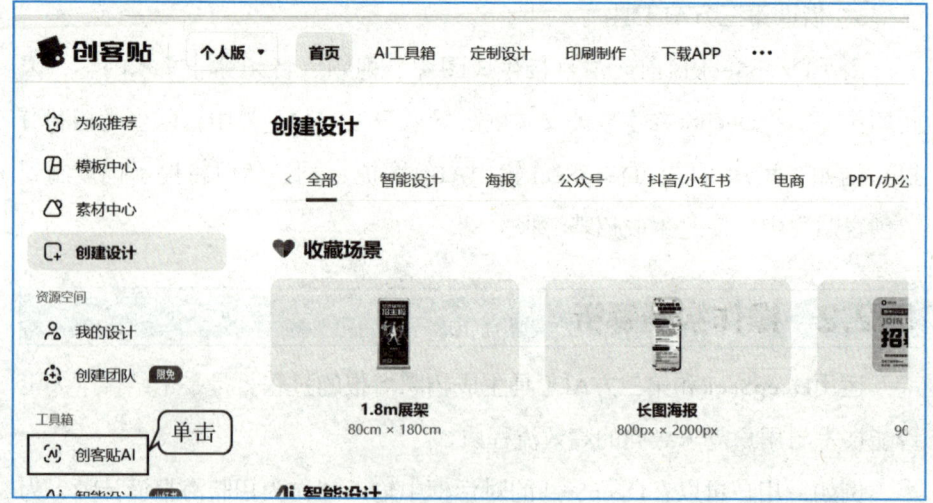

图5-5

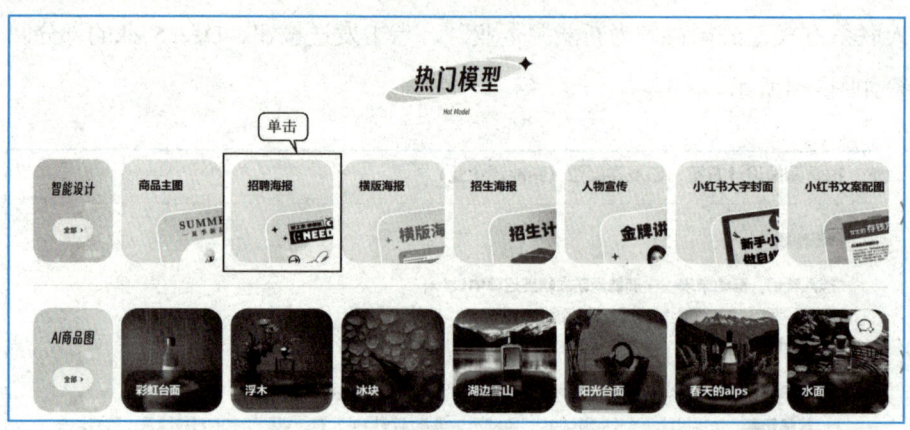

图5-6

按照提示将DeepSeek生成的内容填写到对话框中,单击"智能生成设计",如图5-7所示。"创客贴"会为用户生成许多模板下的招聘海报,用户可以根据需要选择合适的海报。

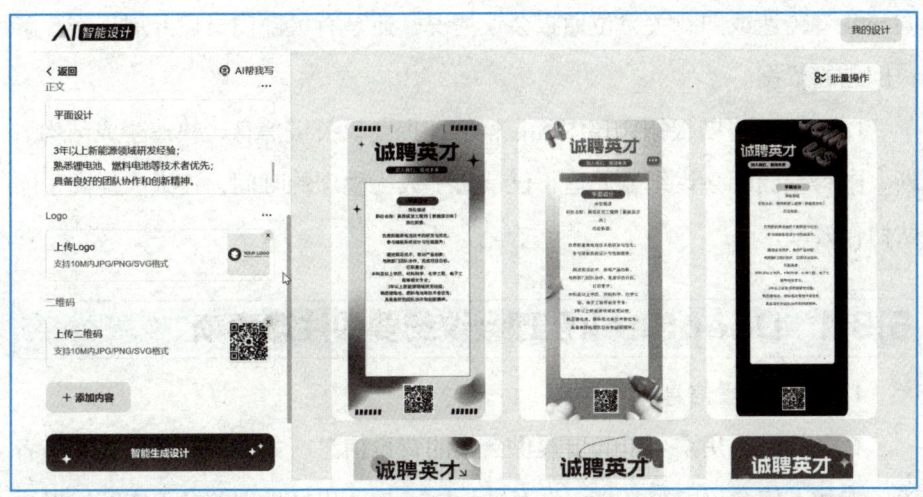

图5-7

5.2.3 DeepSeek辅助设计招聘海报的优势

1. 高效便捷

DeepSeek能够快速生成高质量的提示语，这些提示语涵盖了海报设计的构图、色彩、风格、细节等要素，为设计师提供了明确的指导方向。结合第三方AI工具，设计师可以迅速将DeepSeek生成的提示语转化为具体的海报设计，大大缩短了设计周期。

2. 精准匹配

DeepSeek生成的提示语能够精准匹配用户的需求，包括产品名称、海报主题、风格要求等。这种精准匹配确保了海报设计与用户需求的高度一致性。

5.3 整理会议纪要

会议纪要是在会议记录基础上经过加工、整理、提炼而形成的公文，是会议情况的笔录。它作为会议的正式文件，既被用于向上级汇报，又被用于向与会者传达或向有关单位通报会议情况，还是有关部门日后开展工作、解决问题的依据。

DeepSeek可以根据会议内容，精准捕捉会议关键信息，快速生成结构清晰、内容全面的会议纪要。这不仅节省了人工整理的时间，还大大提高了团队协作效率。

5.3.1　DeepSeek整理会议纪要的注意事项

1. 提供背景信息

在提问时，用户可以简要提供会议的背景信息，如会议的主题、参与者等，或者上传会议内容文档。这有助于DeepSeek更好地理解会议内容，提高信息提取的准确性。

2. 明确具体需求

提问时用户还要明确具体的目标，如"生成的内容要包含议题、讨论内容等要素"。这有助于DeepSeek更准确地理解用户需求，并生成符合期望的会议纪要。

3. 拆分复杂问题

面对复杂的问题，用户可以将其拆分为多个简单的步骤进行提问。例如，用户可以先要求DeepSeek提取会议中的关键议题，再要求它整理每个议题的结论和待办事项。

5.3.2　操作实例解析

在使用DeepSeek生成会议纪要时，可以先将提前录制好的会议录音或视频转换成文字，然后明确会议纪要的格式和要求，如是否需要包含议题、讨论内容、结论、行动计划等部分。

例如，用户可上传一份中国新能源汽车2024年总结与2025年趋势会议内容，并在DeepSeek的对话框中输入："按照上面内容，帮我整理一份完整的会议记录，包含议题、讨论内容、结论和行动计划等部分。请先提取会议中的关键议题，再整理每个议题的结论和待办事项。"点击发送按钮，

DeepSeek的部分回答如图5-8所示,它将该会议内容总结为5个关键议题,并给出了具体的讨论内容、总结与行动计划。

中国新能源汽车.pdf
PDF 8.69MB

按照上面内容,帮我整理一份完整的会议记录,包含议题、讨论内容、结论和行动计划等部分。请先提取会议中的关键议题,再整理每个议题的结论和待办事项。

会议记录:中国新能源汽车2024年总结与2025年趋势报告

日期: 2025年2月13日
参会人员: 行业分析师、车企代表、政策制定者、技术专家等
会议主题: 中国新能源汽车2024年总结与2025年趋势展望

关键议题

1. 2024年新能源汽车市场表现
2. 2025年新能源汽车市场趋势预测
3. 新能源汽车市场结构分析
4. 新势力品牌的市场表现
5. 政策与市场环境

议题一:2024年新能源汽车市场表现

讨论内容:

- 2024年新能源汽车销量突破千万辆大关,达到1286.6万辆,同比增长35.5%。
- 插电式混合动力车型上险数增长91.69%,纯电动车型增长27.72%。
- 比亚迪继续保持强势地位,特斯拉增速落后于整体市场。上海通用五菱快速增长,成为市场的一大亮点。

总结与行动计划

总结:

- 2024年新能源汽车市场表现强劲,2025年将继续保持快速增长。
- 智能驾驶技术和电池技术将成为重要竞争点,出口市场面临挑战。

图5-8

5.3.3 DeepSeek整理会议纪要的优势

1. 高效的信息整合能力

DeepSeek能够快速处理大量的文本信息,包括会议中的发言、讨论和决

策等，通过自动提取关键信息，将会议内容整合成结构化的会议纪要，从而提高对会议信息的处理效率。

2. 可定制化的输出格式

DeepSeek提供了灵活的输出格式选项，可以根据用户需求定制会议纪要的格式和内容，有助于满足不同用户或组织对会议纪要格式和内容的特定要求。

3. 减少人力成本

通过自动化整理会议纪要，DeepSeek能够减轻人工整理会议纪要的负担，有助于节省时间、降低成本，并提高整体工作效率。

5.4 撰写商务信函

商务信函是企业或个人在商务活动中用于沟通、交流信息、洽谈业务、处理事务等而撰写和发送的信函。它通常具有明确的商业目的和正式的文体特点，内容涵盖商品询价、报价、订单、合同、索赔等多个方面。

DeepSeek基于先进的AI技术，能够快速理解并生成符合商务规范、专业且流畅的信函内容，可节省大量时间和精力。

5.4.1 DeepSeek撰写商务信函的注意事项

1. 明确写作类型

用户应清晰告知DeepSeek要写的是哪种类型的商务信函，如报告、请示、通知、调研报告、邀请函等。

2. 明确要求及背景

用户应避免提问的内容模糊或泛泛而谈。例如，不要只说"帮我写一封商务信函"，而应具体说明信函的类型、目的、收件人信息以及需要包含的关键内容等。

5.4.2 操作实例解析

在使用DeepSeek撰写商务信函时，用户首先要明确此次发函的目的，即确定商务信函的具体类型，同时可以设定信函的字数、格式、语气等要求。

例如，用户可在DeepSeek的对话框中输入"请帮我写一份商务信函，具体内容是×××公司发布了最新搭载固态电池的新能源汽车，现邀请众多新能源车企管理者来参加发布会，语言风格要求严肃、认真"，点击发送按钮，DeepSeek的部分回答如图5-9所示。

[您的公司名称]
[您的公司地址]
[城市，邮编]
[日期]

尊敬的[收件人姓名]先生/女士：

您好！

我们诚挚地邀请您参加XXX公司即将举行的新品发布会。此次发布会将隆重推出我们最新研发的搭载固态电池的新能源汽车，这标志着新能源汽车技术在续航能力、安全性能及环保效益方面迈出了重要一步。

作为新能源领域的领军企业，XXX公司始终致力于技术创新与可持续发展。此次发布的固态电池技术，不仅大幅提升了电池的能量密度和充电效率，更在安全性和使用寿命上实现了突破性进展。我们相信，这一技术的应用将为新能源汽车行业带来深远影响，并为未来的绿色出行提供更优质的解决方案。

发布会定于[日期]在[地点]举行，届时我们将详细介绍新产品的技术亮点、市场定位及未来发展规划。同时，我们也期待与各位行业同仁共同探讨新能源汽车的未来趋势与合作机遇。

如您能拨冗出席，我们将不胜荣幸。请您于[日期]前确认参会意向，以便我们为您安排相关事宜。如有任何问题或需要进一步了解活动详情，请随时与我们联系。

感谢您对XXX公司的关注与支持，期待与您共襄盛举，携手推动新能源汽车行业的蓬勃发展！

此致
敬礼

[您的姓名]
[您的职位]
XXX公司
[联系电话]
[电子邮箱]

注意事项：

1. 请根据实际情况填写收件人姓名、日期、地点等信息。

图5-9

5.4.3　DeepSeek撰写商务信函的优势

1. 高效快捷

DeepSeek能够迅速理解用户指令，并生成高质量的商务信函，大大节省了用户手动撰写的时间。

2. 专业精准

借助先进的自然语言处理技术和对商务沟通规则的深入理解，DeepSeek能够确保信函内容的专业性、准确性和得体性，使之符合商务场合的沟通标准。

3. 个性化定制

DeepSeek能够根据用户的具体需求和背景信息，如公司文化、收件人偏好等，生成个性化的信函内容，增强沟通效果。

4. 持续优化

DeepSeek通过不断学习和反馈迭代，能够持续优化其生成能力，确保信函内容与时俱进，满足不断变化的商务沟通需求。

5.5　撰写行业分析报告

行业分析报告是一种专业的研究文件，它系统地收集、整理并分析特定行业的市场数据、发展趋势、竞争格局、政策法规、技术进步及消费者行为等信息，旨在为企业提供深入的行业洞察，帮助其识别市场机遇与风险，理解行业动态，为战略规划、投资决策、市场进入及产品开发等关键业务活动提供数据支持和决策依据。

DeepSeek能够迅速整合并分析海量的行业数据，挖掘出隐藏的市场趋势和潜在机遇。同时，通过学习优秀的行业分析报告，DeepSeek能够模仿其风格和结构，生成既专业又具可读性的报告。这不仅大大提高了报告的制作效率，还确保了报告内容的准确性和深度。

5.5.1 DeepSeek撰写行业分析报告的注意事项

1. 提供信息资料

用户可以收集行业相关的市场数据、政策法规、技术专利等信息，让DeepSeek提炼出有价值的信息和趋势；同时提供一篇优秀的行业分析报告作为示例，让DeepSeek学习并模仿其风格和结构。

2. 结构化提问

用户可以采用类似"角色+需求"的格式进行提问，如"假设你是行业分析师，需要撰写一份关于××行业的分析报告，请从市场规模、竞争格局、发展趋势等方面进行分析，并以Markdown格式输出"。

5.5.2 操作实例解析

通过对上述注意事项的掌握，我们可以轻松利用DeepSeek处理行业分析报告的撰写工作。

例如，用户可以将搜集到的贵金属行业的相关资料上传至DeepSeek平台，再在DeepSeek的对话框中输入"你是一名专业的金融分析师。请将以上行业研报的摘要内容进行整合，请从市场规模、竞争格局、发展趋势等方面进行分析，出具一份行业分析报告"，点击发送按钮，DeepSeek的部分回答如图5-10所示。

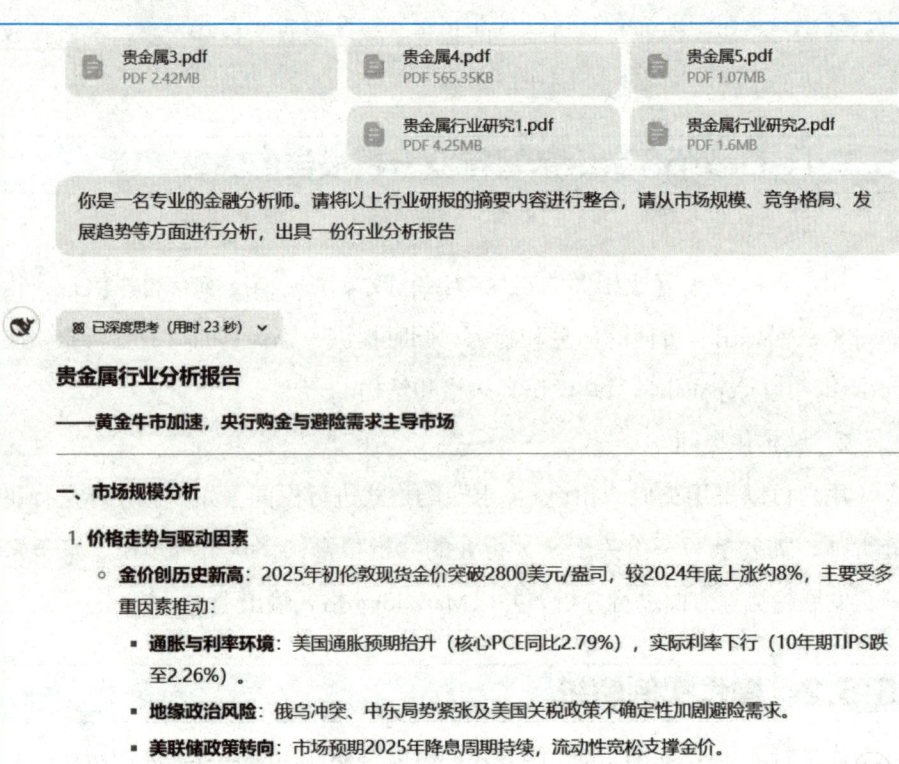

图5-10

5.5.3　DeepSeek撰写行业分析报告的优势

1. 高效数据处理能力

DeepSeek能够迅速整合和分析大量的行业数据，包括市场趋势、竞争格局、政策法规等，为报告提供全面、准确的数据支持。

2. 节省成本

通过自然语言处理和机器学习技术，DeepSeek能够根据输入的需求和框架，智能生成报告内容，大大节省了人工撰写的时间和精力。

5.6 撰写商业计划书

商业计划书是一份全面、详细且系统的文件,主要用于阐述企业的商业构想、市场定位、运营策略、财务预测及团队构成等关键信息,旨在向投资者、合作伙伴或贷款机构展示企业的商业价值和未来发展潜力,以获取资金、资源或合作机会。

DeepSeek作为一款先进的AI工具,能够基于大数据分析提供市场趋势、竞争对手信息及行业洞察,帮助用户更全面地了解市场。此外,DeepSeek还能模拟投资人视角进行批判性思考,帮助用户优化计划书中的不足之处。

5.6.1 DeepSeek撰写商业计划书的注意事项

1. 明确关键内容

用户需要明确所撰写的商业计划书要包含哪些关键内容,如项目定位、用户画像及核心优势等。同时,用户还要明确需要给DeepSeek提供哪些关键信息。

2. 掌握提问方式

用户要学会精准提问,使用类似"角色+需求"的格式提问,明确具体需求,采用简洁、直接的语言。

3. 术语表达轻量化

鼓励DeepSeek进行深度思考,加入批判性思考或多次复盘,让它减少对术语的使用,尽量用普通人更容易理解的方式进行表述。

5.6.2 操作实例解析

通过对上述注意事项的掌握，我们可以轻松利用DeepSeek进行商业计划书的撰写工作。

例如，用户可以先将有关中国奶茶行业发展现状及趋势分析的资料上传至DeepSeek平台，并在DeepSeek的对话框中输入"我想在三线城市开一个奶茶店，针对目标群体为15~35岁的青少年及中年，请为我写一份商业计划书，内容包括市场痛点分析、产品解决方案、竞品对比、盈利模型，语言风格要专业"，点击发送按钮，DeepSeek的部分回答如图5-11所示。

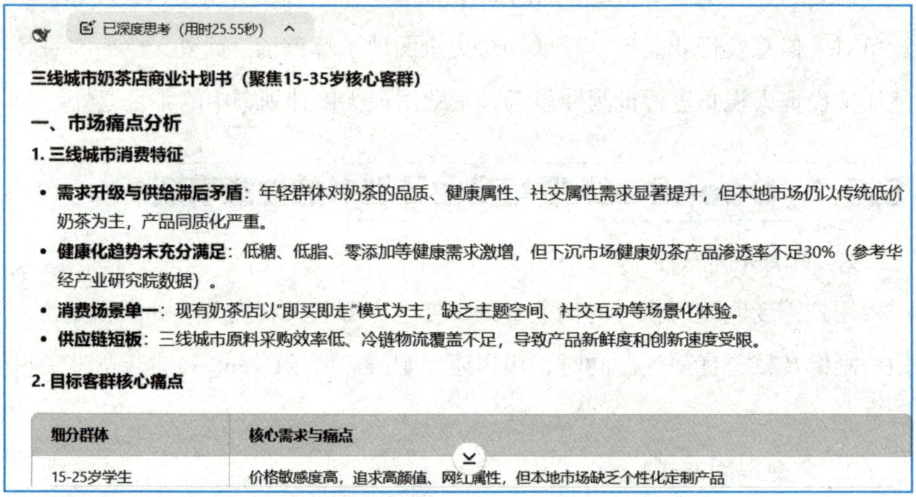

> 已深度思考（用时25.55秒）
>
> **三线城市奶茶店商业计划书（聚焦15-35岁核心客群）**
>
> **一、市场痛点分析**
>
> **1. 三线城市消费特征**
> - **需求升级与供给滞后矛盾**：年轻群体对奶茶的品质、健康属性、社交属性需求显著提升，但本地市场仍以传统低价奶茶为主，产品同质化严重。
> - **健康化趋势未充分满足**：低糖、低脂、零添加等健康需求激增，但下沉市场健康奶茶产品渗透率不足30%（参考华经产业研究院数据）。
> - **消费场景单一**：现有奶茶店以"即买即走"模式为主，缺乏主题空间、社交互动等场景化体验。
> - **供应链短板**：三线城市原料采购效率低、冷链物流覆盖不足，导致产品新鲜度和创新速度受限。
>
> **2. 目标客群核心痛点**
>
> | 细分群体 | 核心需求与痛点 |
> |---|---|
> | 15-25岁学生 | 价格敏感度高，追求高颜值、网红属性，但本地市场缺乏个性化定制产品 |

图5-11

5.6.3 DeepSeek撰写商业计划书的优势

1. 结构化与逻辑性强

DeepSeek能够生成结构化、逻辑清晰的商业计划书框架，帮助用户系统地组织内容。并且，用户可以通过输入具体指令，要求DeepSeek按照特定模块输出计划书，确保内容的完整性和条理性。

2. 数据驱动

DeepSeek能够结合实时数据和用户提供的相关资料，提供精准的市场分析和竞品对比，增强计划书的说服力。

3. 行业深度分析

DeepSeek在特定行业（如金融、医疗、教育等）积累了丰富的落地经验，能够生成针对特定受众的专业化内容，有助于用户深入了解行业趋势、消费者需求和竞品情况。

5.7 辅助制作述职报告PPT

述职报告是工作人员在一定时期内（通常是一年）对自己所负责的工作进行全面、系统的陈述和自我评价的一种书面材料，主要涵盖个人职责履行情况、工作任务完成情况、取得的成绩、存在的问题与不足、改进措施及未来工作计划等内容。

述职报告往往要求以PPT（演示文稿）的形式来呈现，用户可以通过对DeepSeek与第三方AI工具的结合使用快速完成述职报告PPT的制作，节省大量的时间和精力。

5.7.1 DeepSeek辅助制作述职报告PPT的注意事项

1. 使用结构化提问

用户在提问时应使用"角色+需求"的结构化表述，如"作为一名市场部经理，我需要制作一份面向公司高层的述职报告PPT，内容需涵盖年度销售业绩、市场分析、团队管理及未来规划等方面，请提供详细的大纲和内容建议"。

2. 提供详细的内容

用户需要向DeepSeek提供具体的内容，如工作职责与目标、重点工作成果、团队协作与支持等。在此基础上DeepSeek会针对每个板块，提供具体的文字说明和数据支持，使述职报告的内容更加充实和具有说服力。

3. 借助第三方AI工具

由于DeepSeek目前无法直接生成图片、视频、音频等非文本内容，用户需要将DeepSeek生成的内容导入第三方AI工具中，以生成PPT。

5.7.2 操作实例解析

通过对上述注意事项的掌握，我们可以运用DeepSeek和第三方AI工具制作述职报告PPT。

首先，用户可以在DeepSeek的对话框中输入"我是一名新能源汽车销售部部长，我需要制作一份述职报告PPT，内容要求涵盖2024年度销售业绩、市场分析、团队管理及未来规划等方面，请提供详细的大纲和内容建议，以Mermaid格式输出"，点击发送按钮，DeepSeek的部分回答如图5-12所示。

```
已深度思考（用时17.85秒）

Mermaid                                                         复制
graph TD
    A[2024年度述职报告PPT大纲] --> B1[封面页]
    A --> B2[目录页]
    A --> B3[年度销售业绩]
    A --> B4[市场环境分析]
    A --> B5[团队管理成效]
    A --> B6[问题与挑战]
    A --> B7[2025年规划]
    A --> B8[总结与展望]

    B3 --> C1["核心指标达成
    （引用[[2]()销售额增长数据）"]
    B3 --> C2["重点车型表现
```

图 5-12

之后，在浏览器中输入网址"https://www.min2k.com/tools/mermaid"，在打开的网页中将DeepSeek生成的Mermaid代码复制粘贴到指定位置，进行代码转换，生成一个框架图，如图5-13所示。这样可以明确查看DeepSeek生成的PPT大纲结构。

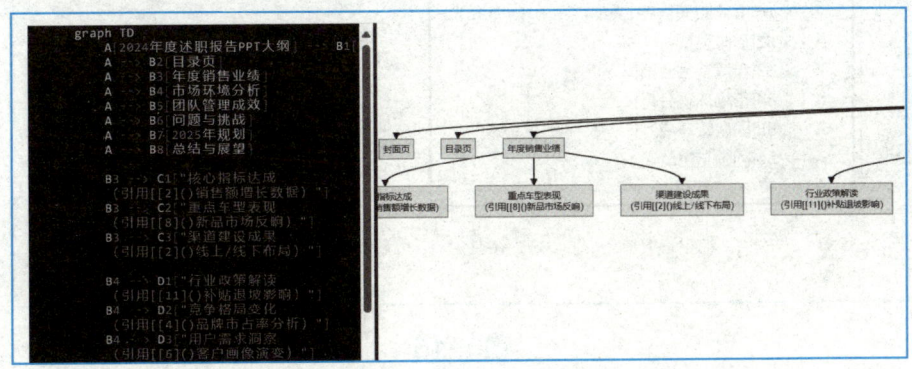

图5-13

接着，由于DeepSeek无法直接生成PPT，因此这里可以借助"讯飞智文"生成述职报告PPT。在浏览器中输入网址"https://zhiwen.xfyun.cn/home"，打开"讯飞智文"首页，如图5-14所示。单击"文本创建"，打开如图5-15所示的页面。

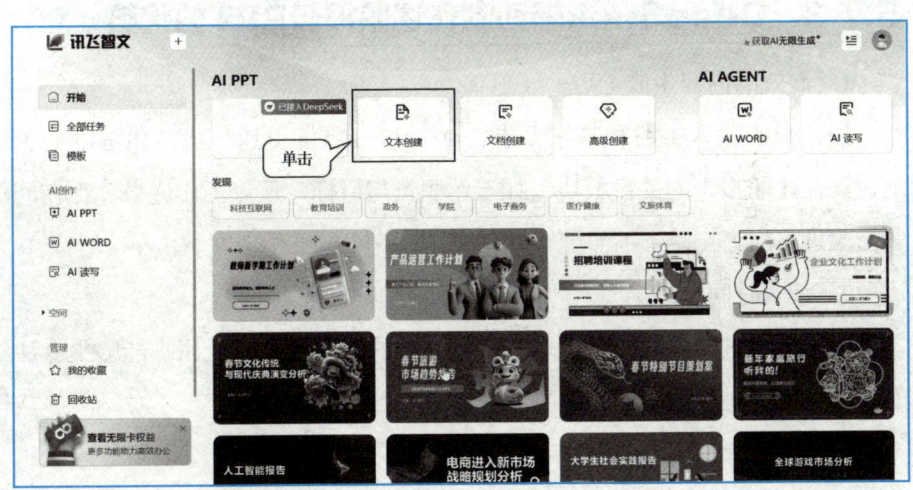

图5-14

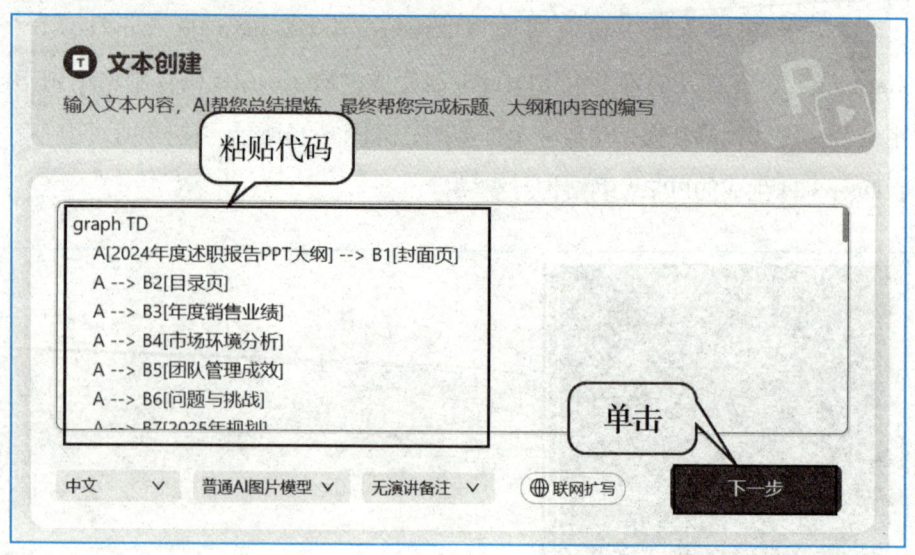

图5-15

最后,将DeepSeek生成的Mermaid代码复制粘贴到图5-15所示页面的文本框内,单击"下一步",将会生成如图5-16所示的PPT大纲内容,用户可以根据需求对其进行调整。继续点击"下一步",选择适合职场风格的PPT模板,最终生成的PPT如图5-17所示。

5.7.3　DeepSeek辅助制作述职报告PPT的优势

1. 高效的内容生成

用户只需输入主题和基本要求,DeepSeek就能迅速生成逻辑清晰的大纲,涵盖述职报告的关键板块,如工作职责与目标、重点工作成果、存在问题与改进方向等。

2. 节省时间

DeepSeek的自动化功能大幅缩短了PPT的制作时间,让用户能够更专注于内容优化,提升工作效率和质量。

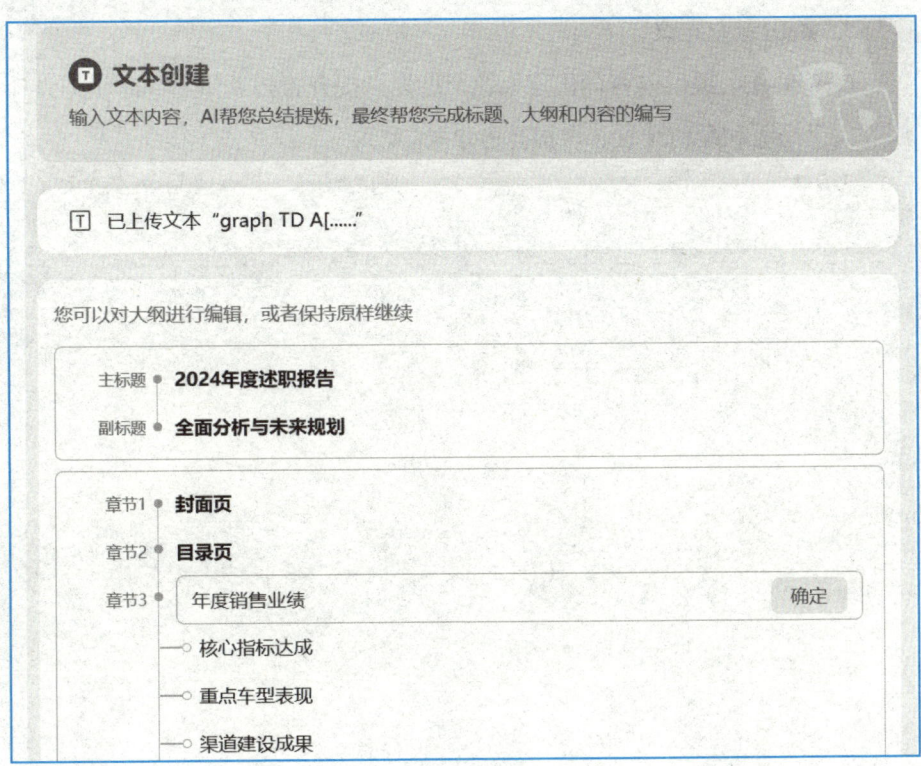

图5-16

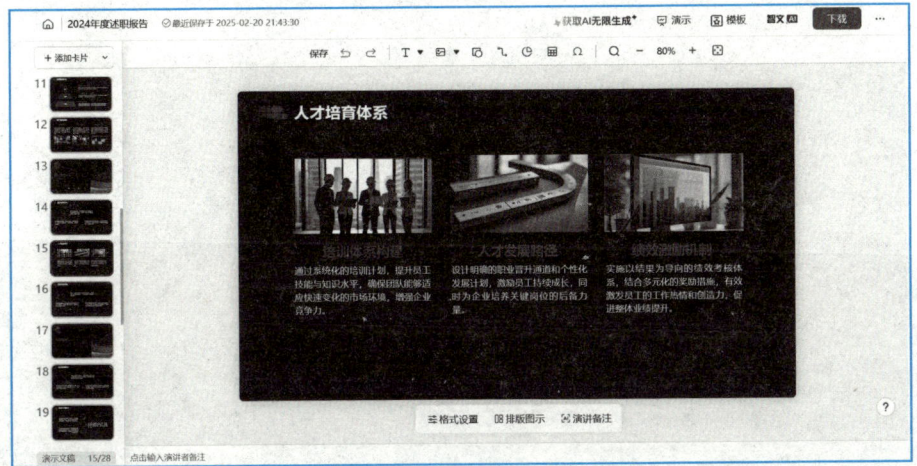

图5-17

3. 给出专业建议

DeepSeek会提供内容优化建议，帮助用户提升报告质量，同时根据设计原则提供排版和配色建议，以提升PPT视觉效果。

第6章
新媒体创作智慧引擎

6.1 撰写新闻稿件

新闻稿件是新闻传播的基础文本，旨在向公众传递信息，让受众了解最新的社会动态和时事新闻。它包含了新闻的基本要素，如时间、地点、人物、起因、经过和结果等，并以客观、准确、简洁的语言进行叙述。

DeepSeek能够缩短新闻从采集到发布的时间，提高新闻的时效性，还能有效避免人为因素导致的错误和偏见，确保新闻稿件的客观性和公正性。

6.1.1 DeepSeek撰写新闻稿件的注意事项

1. 提供事件背景

用户需提供给DeepSeek充分的新闻背景信息，包括事件发生的时间、地点、主要人物等，这样有助于DeepSeek更准确地理解新闻事件，从而撰写出更符合实际的新闻稿件。

2. 要求输出风格

用户可以根据新闻稿件的发布平台或受众特点，提出风格化的要求，如"请用正式、客观的语言撰写这篇新闻稿件，使其适合在官方网站上发布"。

3. 保持客观公正

在提问时，用户应确保自己的要求不会引导DeepSeek的回答产生偏见或主观色彩，保持新闻稿件的客观性和公正性；并且，不要一次性提出过多或过于复杂的要求，以免DeepSeek无法准确理解或处理。

6.1.2 操作实例解析

在使用DeepSeek撰写新闻稿件时，用户可以先提供基础数据，再输入具体要求。

例如，在DeepSeek的对话框中输入"近日，由饺子执导的动画电影《哪吒之魔童闹海》正在热映，截至2025年2月21日票房已突破127亿。请根据上述数据帮我撰写一篇新闻稿件，整体写作风格轻松幽默，避免过于正式或沉重的语气，可以加入一些年轻人喜欢的轻松话题。"点击发送按钮，DeepSeek的部分回答如图6-1所示。

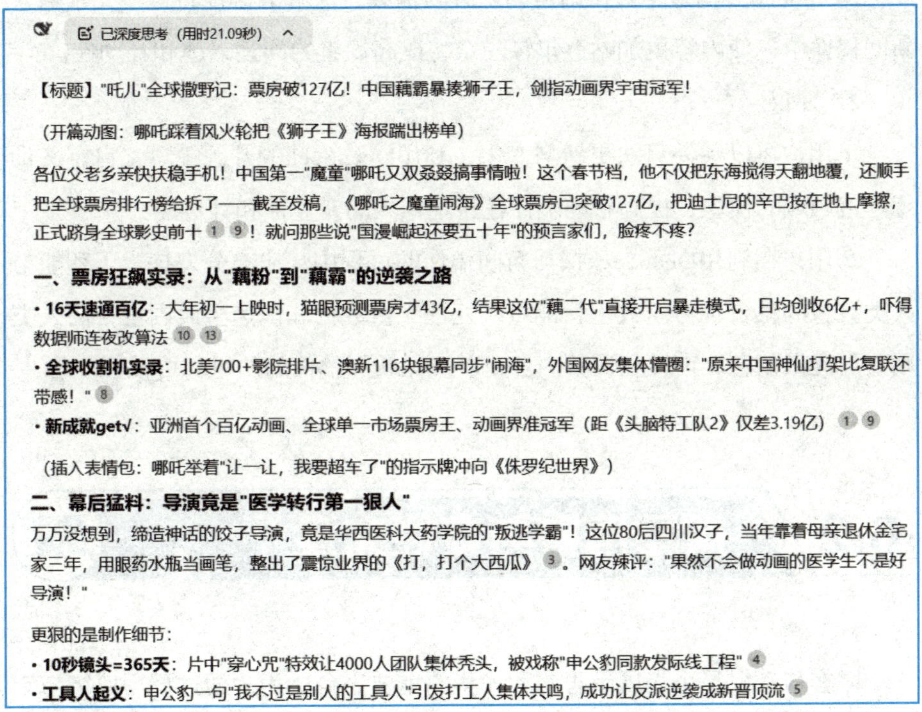

> 已深度思考（用时21.09秒）
>
> 【标题】"吒儿"全球撒野记：票房破127亿！中国藕霸暴揍狮子王，剑指动画界宇宙冠军！
>
> （开篇动图：哪吒踩着风火轮把《狮子王》海报踹出榜单）
>
> 各位父老乡亲快扶稳手机！中国第一"魔童"哪吒又双叒叕搞事情啦！这个春节档，他不仅把东海搅得天翻地覆，还顺手把全球票房排行榜给拆了——截至发稿，《哪吒之魔童闹海》全球票房已突破127亿，把迪士尼的辛巴按在地上摩擦，正式跻身全球影史前十①⑨！就问那些说"国漫崛起还要五十年"的预言家们，脸疼不疼？
>
> 一、票房狂飙实录：从"藕粉"到"藕霸"的逆袭之路
>
> · **16天速通百亿**：大年初一上映时，猫眼预测票房才43亿，结果这位"藕二代"直接开启暴走模式，日均创收6亿+，吓得数据师连夜改算法 ⑩ ⑬。
>
> · **全球收割机实录**：北美700+影院排片、澳新116块银幕同步"闹海"，外国网友集体懵圈："原来中国神仙打架比复联还带感！"
>
> · **新成就get√**：亚洲首个百亿动画、全球单一市场票房王、动画界准冠军（距《头脑特工队2》仅差3.19亿）①⑨
>
> （插入表情包：哪吒举着"让一让，我要超车了"的指示牌冲向《侏罗纪世界》）
>
> 二、幕后猛料：导演竟是"医学转行第一狠人"
>
> 万万没想到，缔造神话的饺子导演，竟是华西医科大药学院的"叛逃学霸"！这位80后四川汉子，当年靠着母亲退休金宅家三年，用眼药水瓶当画笔，整出了震惊业界的《打，打个大西瓜》③。网友辣评："果然不会做动画的医学生不是好导演！"
>
> 更狠的是制作细节：
>
> · **10秒镜头=365天**：片中"穿心咒"特效让4000人团队集体秃头，被戏称"申公豹同款发际线工程" ④
>
> · **工具人起义**：申公豹一句"我不过是别人的工具人"引发打工人集体共鸣，成功让反派逆袭成新晋顶流 ⑤

图6-1

6.1.3 DeepSeek撰写新闻稿件的优势与建议

1. 优势

（1）高效批量生成

DeepSeek采用先进的自然语言处理技术和深度学习模型，支持一键生成高质量文章，通过智能模板匹配，可快速输出标准化内容，节省大量时间

成本。

（2）智能搜索引擎优化

DeepSeek内置智能搜索引擎优化模块，基于TD-IDF算法精准匹配关键词，确保内容既符合搜索引擎排名规则，又能提升用户体验，可以有效提高新闻稿件的搜索可见性和阅读量。

（3）理解网络年轻化语言

DeepSeek对网络年轻化语言的理解力很强，能够准确地将这些元素融入新闻稿件中，使内容更加贴近年轻受众，提高读者的阅读兴趣和互动性。

2. 建议

①用户可以关注算法更新与变化，利用DeepSeek的开源策略，自定义训练垂直领域的模型，提高新闻稿件在特定领域的专业性和针对性。

②用户在利用DeepSeek撰写新闻稿件的过程中，应充分发挥人工智能与人类智慧的结合优势。人工智能可以处理大量数据和快速生成内容，而人类则负责提供创意、审核和调整内容，以确保新闻稿件的质量和可读性。

6.2 撰写博客与专栏文章

博客与专栏是个人展示思想和才华的重要平台，用户通过撰写博客与专栏可以分享个人的见解、经验和专业知识，有助于建立专业形象，增强个人或企业在特定领域的权威性和可信度。同时，这些平台也是内容营销的有效手段，能够吸引潜在客户，促进业务增长。

DeepSeek具备强大的复杂问题解析能力，能够深入剖析话题，优化对话连续性，使文章逻辑清晰、条理分明，因此，它能提高用户在撰写博客与专栏文章方面的效率与质量。

6.2.1　DeepSeek撰写博客与专栏文章的注意事项

1. 确定创作主题和目标

在开始使用DeepSeek之前,用户需要明确生成的内容类型和目标。例如,文章撰写的主题是什么?目标受众是谁?

2. 明确身份与场景

在提问时,用户要明确自己的身份和写作场景,如"我是一名科技博客作者,需要撰写一篇关于人工智能在医疗领域应用的文章,请提供相关的观点和案例。"这样的提问方式有助于DeepSeek理解用户的专业背景和写作目的,从而给出更贴合实际的回答。

6.2.2　操作实例解析

通过对上述注意事项的掌握,我们可以轻松利用DeepSeek进行博客与专栏文章的撰写。

例如,用户可在DeepSeek的对话框中输入"我是一名健身教练,需要撰写一篇关于有氧运动与无氧运动区别的科普文,请提供相关的观点和案例。目标受众为健身新手。"点击发送按钮,DeepSeek的部分回答如图6-2所示。

> **有氧VS无氧:别再傻傻分不清!**
>
> 走进健身房,你是否经常听到"有氧"和"无氧"这两个词,却始终搞不清它们的区别?别担心,这篇文章将为你揭开它们的神秘面纱,帮助你找到最适合自己的运动方式!
>
> 一、能量供给:它们如何为我们提供动力?
>
> 想象一下,我们的身体就像一辆汽车,需要燃料才能运转。有氧运动和无氧运动的区别,就在于它们使用"燃料"的方式不同。
>
> - **有氧运动**:就像汽车的"长途模式",主要依靠氧气参与分解糖、脂肪和蛋白质,持续稳定地提供能量。这种运动强度较低,可以持续较长时间,例如慢跑、游泳、骑自行车等。
> - **无氧运动**:则像汽车的"冲刺模式",在短时间内需要大量能量,氧气供应不足,主要依靠分解体内储存的糖原来提供能量。这种运动强度高,持续时间短,例如短跑、举重、跳高等。
>
> 二、效果差异:它们如何塑造我们的身体?
>
> 不同的能量供给方式,也决定了有氧运动和无氧运动对身体的不同影响。
>
> - **有氧运动**:就像一位"脂肪燃烧大师",能够有效提高心肺功能,促进脂肪燃烧,帮助减肥和塑造体型。

图6-2

6.2.3　DeepSeek撰写博客与专栏文章的优势

1. 智能写作辅助

DeepSeek能够理解用户的写作风格和意图，提供精准的词汇建议、语法修正以及句子优化，使用户能够在短时间内完成高质量的内容创作。

2. 搜索引擎优化

DeepSeek能够分析目标受众的兴趣点和搜索习惯，为用户提供关键词优化建议，提高文章在搜索引擎中的曝光率，从而吸引更多流量和关注。

3. 深度思考与联网搜索

DeepSeek具备强大的推理能力，能够进行多步骤推理，生成更深入、更全面的内容。在联网搜索模式下，DeepSeek可以访问互联网上的最新信息，确保内容的时效性。

6.3　编写社交媒体文案

社交媒体已经成为人们日常生活中不可或缺的一部分，它深刻地改变了人们的沟通方式、信息获取途径以及社交互动模式。优秀的社交媒体文案能够精准捕捉受众的兴趣点，引发情感共鸣，并通过独特的视角和创意的表达方式，在众多信息中脱颖而出，实现有效的品牌传播和用户互动。

DeepSeek能够分析目标受众的兴趣和需求，生成符合品牌调性和社交媒体平台特性的文案，也能够提供多样化的文案风格，并根据实时热点和趋势，为文案注入新鲜元素，使其更具吸引力和传播力。

6.3.1 DeepSeek编写社交媒体文案的注意事项

1. 精准提问

用户可以使用"角色+场景+需求"的格式进行提问,如"我是时尚博主,想在小红书上发布一篇关于春季穿搭的文案,要求突出时尚感和实用性"。

2. 细化需求与风格

用户可以明确文案的长度、格式和发布平台等要求,以便DeepSeek能够生成符合规范的文案;同时也可以提供具体的文案风格要求,如轻松幽默、正式专业或温馨感人等,确保DeepSeek生成的文案与品牌形象和社交媒体平台调性相符。

3. 激发深度思考

在提问时,用户可以加入"请你在回答问题时加入你的批判性思考"等语句,促使DeepSeek进行更深入的推理和思考,从而生成更具创意和深度的文案。

6.3.2 操作实例解析

通过对上述注意事项的掌握,我们可以使用DeepSeek快速编写小红书、抖音、快手等社交平台文案。

例如,用户可在DeepSeek的对话框中输入"我是一名美妆博主,想在小红书上发布一篇有关30+女性如何抗老的文案,要求内容主推××产品,语言风格幽默,请在回答问题时加入你的批判性思考,输出为HTML格式"。点击发送按钮,DeepSeek的部分回答如图6-3所示。单击DeepSeek回答内容中HTML代码右下角的"运行HTML",即可看到DeepSeek生成的小红书文案,如图6-4所示。

> 我是一名美妆博主，想在小红书上发布一篇30+女性如何抗老的文案，要求内容主推XX产品，语言风格幽默，请在回答问题中加入你的批判性思考，输出为HTML格式

已深度思考（用时27秒）

```html
<!DOCTYPE html>
<html>
<head>
    <title>30+抗老求生指南｜和XX产品一起优雅地「逆天改命」</title>
</head>
<body>
    <div class="post-container">
        <h2>💊30+抗老魔幻现实主义：当胶原蛋白开始「弹性休假」时...</h2>

        <div class="section">
            <h3>✨抗老三大幻觉现场</h3>
            <p>1. 每天拍脸200下=筋膜层提拉？<br>
            （你的手不是3D打印机啊姐妹们！）</p>
            <p>2. 猛刷A醇=坐上抗老直升机？<br>
            （第二天红成关公脸的时候别问我为什么）</p>
            <p>3. 500块的刮痧板能刮出少女线？<br>
            （那美容仪公司早该改行卖凶器了）</p>
        </div>
```

批判性思考植入点：

1. **破除护肤玄学**：刻意解构「拍打护肤」「刮痧神器」等伪科学概念，用反讽提醒读者理性判断
2. **效果预期管理**：通过「不是魔法棒」的比喻，强调护肤品局限性，暗示需结合生活方式调整
3. **成分辩证解读**：用「科学玄学」的矛盾修辞，既展现产品科技感，又暗示行业宣传话术的夸张性
4. **消费主义反思**：在结尾自曝「攒钱做医美」，揭露当代女性抗老焦虑背后的经济压力
5. **风险提示**：强调「即刻见效」的危险性，间接批评行业乱象，建立可信度

传播心理学应用：

- **幽默防御机制**：用「弹性休假」「僵尸睡姿」等荒诞比喻降低年龄焦虑的压迫感
- **圈层话语体系**：使用「弹幕区」「求生欲声明」等网络用语强化身份认同
- **视觉符号系统**：Emoji与专业符号混搭制造认知冲突，符合小红书用户「精致又沙雕」的审美取向

图6-3

> **DeepSeek**　　　　　　　　　　　　　　　　×
>
> 💧 **30+抗老魔幻现实主义：当胶原蛋白开始「弹性休假」时…**
>
> 💣 **抗老三大幻觉现场**
>
> 1. 每天拍脸200下=筋膜层提拉？
>   （你的手不是3D打印机啊姐妹们！）
>
> 2. 猛刷A醇=坐上抗老直升机？
>   （第二天红成关公脸的时候别问我为什么）
>
> 3. 500块的刮痧板能刮出少女线？
>   （那美容仪公司早该改行卖凶器了）
>
> ✨ **XX产品的科学玄学现场测评**
>
> 这支长得像太空舱的紫色小妖精，成分表简直在演科幻片：
>
> 　🧪 三重黄金胜肽：像三个小人在脸上拔河（往上的那种）
> 　💧 玻尿酸矩阵：建议改名叫「干纹灭火器」
> 　🌱 植物干细胞：当代爱因斯坦的「相对抗老论」
>
> 使用效果：连续28天后的苹果肌，像被无形钢丝吊着（此处应@地心引力）
>
> ⚠️ **人间清醒小贴士**
>
> 1. 再贵的护肤品也治不好「熬夜作死症」
>   （XX产品不是哈利波特的魔法棒）
>
> 2. 「即刻见效」可能是皮肤在喊SOS
>   （激素脸警告⚠️）
>
> 3. 抗老是场马拉松，别指望产品当兴奋剂

图6-4

6.3.3　DeepSeek编写社交媒体文案的优势与建议

1. 优势

（1）风格多样化

DeepSeek支持多种语言风格，如正式、幽默、简洁、文艺等，能够满足不同平台和受众的需求，使文案更具吸引力。

（2）智能推荐

DeepSeek能根据输入的关键词自动推荐相关词汇和句式，优化文案内

容，提升文案的专业性和准确性。

（3）个性化定制

企业可以根据品牌调性、目标受众等需求，在DeepSeek中创建专属的写作模板，确保生成内容与品牌风格一致。

2. 建议

①有时DeepSeek在生成文案时可能会混淆人物、错乱因果关系，或者出现其他低级错误，因此，用户需要加强对生成内容的审核。

②用户可以对用DeepSeek给出的代码所生成文案的阅读和排版体验进一步修改和优化，使其更美观、更有吸引力。

6.4 编写产品广告文案

产品广告是一种营销手段，旨在通过各种媒介向目标受众宣传和推广特定产品或服务。它运用创意性的设计、吸引人的文案和视觉元素，以引起消费者的注意并激发其购买欲望。

DeepSeek能够通过深度分析市场趋势，精准捕捉目标受众的兴趣与需求，打造引人入胜的广告内容文案。借助DeepSeek，企业可以突破传统广告框架，以更具吸引力的方式呈现产品价值，从而在竞争激烈的市场中脱颖而出。

6.4.1 DeepSeek编写产品广告文案的注意事项

1. 明确目标

在让DeepSeek编写产品广告文案前，用户首先要明确撰写广告文案的目标是让顾客了解产品品牌故事，进而吸引顾客购买产品。因此，文案需要突出产品的特点及优惠信息等。

2. 提问方式简洁明了

用户在提问时应尽量使用简洁明了的语言,避免冗长和复杂的描述。这样有助于DeepSeek快速理解用户的需求并高效输出。

3. 提供反馈

在DeepSeek生成文案后,用户可以进一步提供反馈,要求DeepSeek进行调整,以确保文案的最终效果符合预期。

6.4.2 操作实例解析

通过对上述注意事项的掌握,我们可以轻松利用DeepSeek进行产品广告文案的撰写。

例如,用户可在DeepSeek的对话框中输入"请以'智能门锁'为产品,为家庭用户写一段30秒的广告文案,要求突出产品的智能控制、安全性能和便捷性能",点击发送按钮,DeepSeek的部分回答如图6-5所示。

> 请以'智能门锁'为产品,为家庭用户写一段30秒的广告文案,要求突出产品的智能控制、安全性能和便捷性能
>
> 已深度思考(用时21秒)
>
> 【30秒智能门锁广告文案】
>
> (背景音:钥匙落地声+轻快科技音效)
>
> 画外音:"还在为忘带钥匙烦恼?XX智能门锁,开启智慧生活新方式!"
>
> (画面:指纹轻触秒开/手机远程解锁)
>
> "金融级活体指纹识别,抵御99.9%技术破解;军工级合金锁体,防暴拆自动报警,安全守护24小时在线。"
>
> (画面:妈妈抱着快递刷脸开门/语音唤醒智能家居)
>
> "五种开锁方式随需切换,联动全屋智能设备。出差在外,手机随时查看门锁状态,亲友到访还能远程发放临时密码!"
>
> (结尾画面:星空下自动落锁特写)

图6-5

6.4.3 DeepSeek编写产品广告文案的优势与建议

1. 优势

（1）文案具有吸引力

DeepSeek能对文案内容进行智能优化，根据目标市场用户的语言习惯和文化偏好，调整用词和表达方式，确保文案更具吸引力。

（2）多语言支持

对于跨境卖家来说，DeepSeek的多语言写作功能能够轻松解决语言障碍，提高文案的专业性。它还支持多种语言风格输出，能够满足不同场景和目标受众的需求。

（3）智能推荐

DeepSeek能根据输入的关键词，自动推荐相关的词汇和句式，帮助用户优化文案内容，提升文案的吸引力和转化率。

2. 建议

DeepSeek生成的文案更注重逻辑和信息的准确性，用户可以在其基础上增强情感共鸣和个性化表达，使文案更触动人心。

6.5 辅助绘制图片

文章的配图不仅能够迅速吸引读者的注意力，提升内容的吸引力，还能有效传达信息和情感。一张高质量的图片往往比文字更具冲击力，能在瞬间抓住读者的心。

绘制图片往往需要创意性表达，DeepSeek能有效提供专业性和创意性方面的辅助，帮助用户拓展思路，节省大量时间和精力。

6.5.1 DeepSeek辅助绘制图片的注意事项

1. 详尽描述

建议用户采用详尽且明确的描述，并注重细节，以确保DeepSeek能精准捕捉并理解创作意图。

2. 持续探索

将AI绘图视为一个持续探索的过程，保持开放与耐心，勇于尝试不同的词汇组合与描述方式，这样用户可能会意外发掘出全新的创作灵感与成果。

3. 融合手工艺术

AI工具的功能固然强大，但"AI+手工"的绘图方式往往能创造出更具个性与深度的作品，用户可以在AI生成图像的基础上，进行必要的微调与个性化加工，从而使作品更加独特且富有表现力。

6.5.2 操作实例解析

使用DeepSeek辅助绘制图片时需要结合第三方软件：先让DeepSeek就用户的需求对想要绘制的图片进行文字描述，再将文字描述复制到AI图片制作工具中，使之生成符合需求的图片。这里，我们使用"即梦AI"生成图片。

例如，用户可在DeepSeek的对话框中输入"请为我创作一幅描绘'惊蛰'节气的图像。画面中应包含初春的田野中万物复苏的景象，如破土而出的嫩芽、逐渐绽放的花朵以及开始活跃的小动物，如蜜蜂采蜜、鸟儿在枝头欢唱等。同时，希望图像能传达出春天到来、生机盎然的氛围，以及'惊蛰'所象征的万物复苏、春意渐浓的意义。"点击发送按钮，DeepSeek生成的对图像的文字描述如图6-6所示。

> 在这幅描绘"惊蛰"节气的图像中，我们首先看到的是初春的田野，一片片嫩绿的麦苗在温暖的阳光下破土而出，它们像是大地的新生儿，带着勃勃生机。田野的边缘，几株桃树和李树开始绽放出粉红和白色的花朵，花瓣轻柔地随风飘落，点缀着这片新绿。
>
> 在花丛中，忙碌的蜜蜂穿梭其间，它们采集着花蜜，为即将到来的繁花似锦做准备。不远处，一只彩蝶翩翩起舞，它的翅膀上绘着春天的色彩，与花朵相映成趣。
>
> 在画面的另一侧，一棵老柳树的枝条垂下，嫩绿的柳芽如同翡翠般晶莹剔透。枝头上，几只欢快的小鸟正在歌唱，它们的歌声清脆悦耳，似乎在宣告着春天的到来。
>
> 天空中，几缕柔和的阳光穿透了薄薄的云层，洒在大地上，给这幅画面增添了一丝温暖和希望。远处的山峦也披上了淡淡的新绿，与田野、花树、小动物共同构成了一幅生机盎然的春日画卷。
>
> 这幅图像不仅捕捉了"惊蛰"节气万物复苏的瞬间，更传达了一种新生的喜悦和春意渐浓的期待，让人感受到自然界中生命的奇迹和春天的无限魅力。

图6-6

在浏览器中输入网址"https://jimeng.jianying.com/ai-tool/home"，进入"即梦AI"首页，点击右上角的"登录"，按照提示进行登录操作。登录后单击"AI作图"区域的"图片生成"，如图6-7所示。

图6-7

在打开的新页面中，将DeepSeek生成的文本内容复制粘贴到左侧的对话框中，再选择"生图模型"和调整"图片比例"，点击左下角的"立即生成"，即可生成一组符合用户需求的图片，如图6-8所示。

图6-8

6.5.3 DeepSeek辅助绘制图片的优势

1. 强大的文本处理能力

DeepSeek能够根据用户提出的诉求，快速生成结构化内容，这使得用户无须担心文案或数据的提炼问题，只需输入描述或要求即可。

2. 多样化的艺术风格

DeepSeek与第三方绘图软件的结合提供了多种艺术风格供用户选择，包括传统油画、素描及现代插画等。用户可以根据自己的需求自定义图像风格，使创作更加贴合个人审美或项目需求。

3. 与其他AI绘图工具兼容性好

DeepSeek可以与其他AI绘图工具无缝对接，用户只需将DeepSeek生成的文案或数据直接导入AI绘图软件中，即可让其快速理解并生成图片。

6.6 辅助制作视频

在社交媒体中,视频能以直观、生动的方式吸引观众眼球,迅速传达核心信息,增强记忆点。随着移动互联网的普及,用户也更倾向于通过视频获取信息,这使得视频的传播范围更广、速度更快。

制作视频需要注重逻辑和创意,DeepSeek能在这些方面提供许多帮助,让用户快速制作出高质量的宣传视频。

6.6.1 DeepSeek辅助制作视频的注意事项

1. 明确视频类型

用户需确定想要制作的视频类型,如产品展示类、剧情类、知识科普类等;需具体到领域细节,如"普洱茶文化推广""白蛇传动画改编"等。主题越明确,DeepSeek生成的内容越精准。

2. 设计提示词

用户需用自然语言向DeepSeek描述需求,包含场景、角色动作、视觉风格、时长分配等,如"我想做一个关于××主题的视频,帮我设计脚本、文案、画面,包含时间轴,视频约×秒"。

3. 反向提问

用户可以通过反向提问发现盲点,如"我需要提供哪些信息,才能让你生成一份优质的宣传视频制作方案"。

6.6.2 操作实例解析

使用DeepSeek辅助制作视频同样需要借助第三方AI工具:先输入指令让DeepSeek生成合适的视频文案,再将生成的文案复制粘贴到AI视频制作工具中，使之生成符合需求的视频。这里继续借助"即梦AI"生成视频，操作步骤与生成图片类似。

例如，用户可以在DeepSeek的对话框中输入"我想做一个关于皮影文化主题的AI视频，帮我设计脚本、文案、画面，视频约10秒"，点击发送按钮，DeepSeek生成对视频画面、特效、字幕、音效等的文字描述，部分回答如图6-9所示。

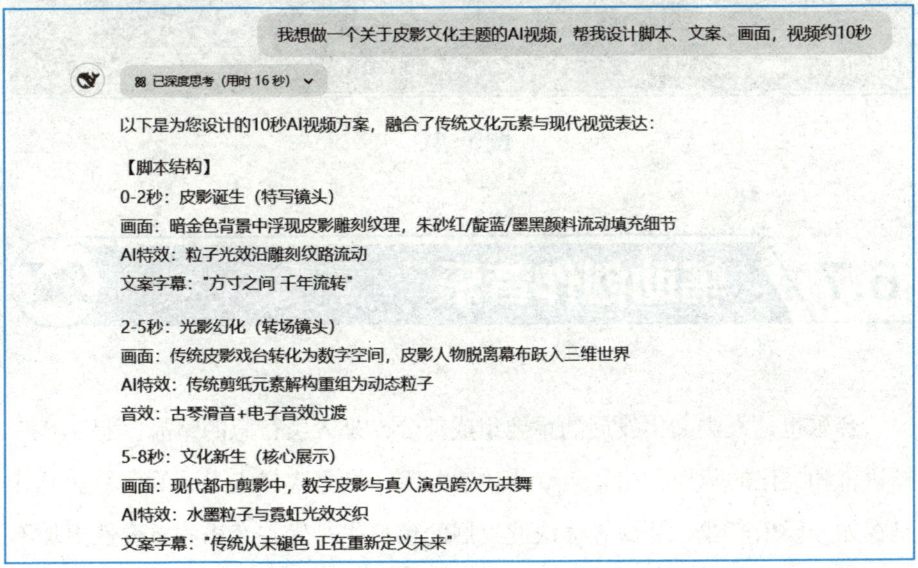

> 我想做一个关于皮影文化主题的AI视频，帮我设计脚本、文案、画面，视频约10秒
>
> 😊 已深度思考（用时16秒）∨
>
> 以下是为您设计的10秒AI视频方案，融合了传统文化元素与现代视觉表达：
>
> 【脚本结构】
> 0-2秒：皮影诞生（特写镜头）
> 画面：暗金色背景中浮现皮影雕刻纹理，朱砂红/靛蓝/墨黑颜料流动填充细节
> AI特效：粒子光效沿雕刻纹路流动
> 文案字幕："方寸之间 千年流转"
>
> 2-5秒：光影幻化（转场镜头）
> 画面：传统皮影戏台转化为数字空间，皮影人物脱离幕布跃入三维世界
> AI特效：传统剪纸元素解构重组为动态粒子
> 音效：古琴滑音+电子音效过渡
>
> 5-8秒：文化新生（核心展示）
> 画面：现代都市剪影中，数字皮影与真人演员跨次元共舞
> AI特效：水墨粒子与霓虹光效交织
> 文案字幕："传统从未褪色 正在重新定义未来"

图6-9

点击图6-7中"AI视频"区域的"视频生成"，在打开的新页面中选择"文本生视频"，再将DeepSeek生成的文本内容复制粘贴到左侧的对话框中，点击左下角的"生成视频"，即可生成一段符合要求的视频内容，如图6-10所示。

图6-10

6.7 辅助创作音乐

音乐也是人类文化发展的重要组成部分，是人类智慧的结晶。它能够跨越语言和文化的障碍，引发听众的情感共鸣，增强人与人之间的联系。尤其是在如今娱乐产业、社交媒体快速发展的信息化时代，音乐的重要性更加不言而喻。

音乐的创作离不开对音律知识的掌握、对语言文化的理解以及创意性的表达，DeepSeek的深度学习能力和自然语言处理能力能够在这些方面提供极大的帮助。

6.7.1　DeepSeek辅助创作音乐的注意事项

1. 明确需求

用户在使用DeepSeek辅助创作音乐前，要明确自己的需求，比如，"创作一首欢快的流行歌曲"，或是"创作一首深情的民谣"等。

2. 提供相关信息

为了让DeepSeek更好地理解音乐创作的背景和目的，用户需要提供一些相关的信息，如歌曲的主题、情感倾向、时长、结构等。

3. 直接明确表述

DeepSeek属于智能推理模型，用户在提问时不需要过分拘泥于提示词模板，直接用自然语言清晰表达自己的需求即可。

6.7.2 操作实例解析

创作音乐时同样需要借助第三方工具。这里继续借助"即梦AI"生成音乐，操作步骤与生成图片类似。

例如，用户可以在DeepSeek的对话框中输入"你是一位资深的歌曲创作家，拥有丰富的音乐理论知识，请帮我创作一首民谣，主题关于理想，时长2分钟"，点击发送按钮，DeepSeek生成一篇歌词，如图6-11所示。

> 你是一位资深的歌曲创作家，拥有丰富的音乐理论知识，请帮我创作一首民谣，主题关于理想，时长2分钟

《纸飞机的方向》

纸飞机掠过教室的窗	纸飞机飞向远方
阳光在翅膀上流淌	带着我的理想
粉笔灰轻轻落下	在风中摇晃
像一场无声的雪	却从不迷失方向
我数着课桌的年轮	（副歌）
一圈又一圈	我知道天空有多远
画着远方的模样	就像知道梦想有多长
	纸飞机飞向远方
风穿过走廊	带着我的理想
带走了我的歌	在风中摇晃
却带不走	却从不迷失方向
我望向天空的目光	

图6-11

点击图6-7中左侧菜单栏里的"音乐生成",打开新的页面,如图6-12所示。选择"人声歌曲",再将DeepSeek生成的歌词复制粘贴到左侧的对话框中,设置音乐风格后点击左下角的"立即生成",即可生成一首悦耳的歌曲。

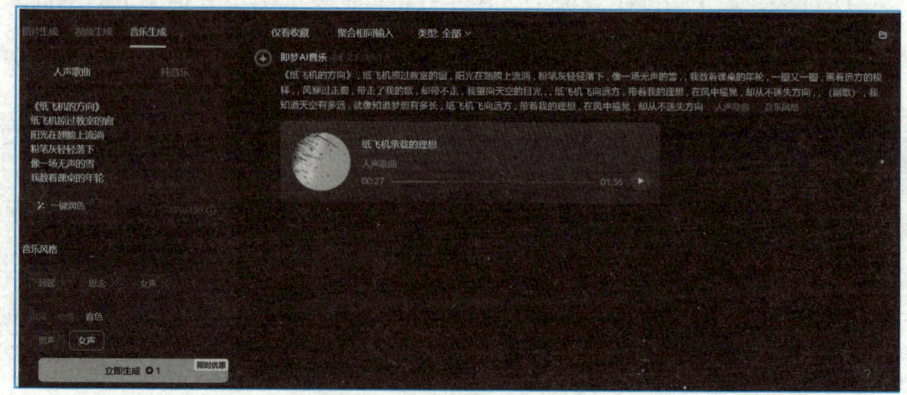

图6-12

6.8 辅助制作故事动画

故事动画是一种专为儿童设计的视频,通过图文并茂的方式讲述一个完整的故事或传达某种信息。在故事动画中,画面往往占据主导地位,色彩鲜艳、形象生动,能够吸引儿童的注意力,激发他们的想象力和创造力。

用户可以利用DeepSeek和第三方AI工具结合的方式,快速制作各种类型的故事动画。

6.8.1 DeepSeek辅助制作故事动画的注意事项

1. 设定主题

用户需要明确故事的主题,如动物探险、友情故事、生活习惯养成等。主题应积极向上,富有教育意义,同时能够吸引儿童的注意力。

2. 角色设计

用户应根据主题设计生动有趣的角色形象，角色需具有鲜明的个性和特征，以便儿童能够轻松识别和记住。同时，角色的设计应符合儿童的审美偏好。

3. 情节构建

用户应要求DeepSeek合理安排故事的开头、发展、高潮和结局，确保故事的整体结构清晰明了，每个部分都与主题紧密相联，共同构成一个完整的故事。

6.8.2 操作实例解析

使用DeepSeek辅助制作故事动画同样需要借助第三方AI工具：先输入指令让DeepSeek生成合适的故事，再将生成的故事复制到AI动画制作工具中，使之生成符合需求的故事动画。这里，我们使用"白日梦AI"生成故事动画。

例如，用户可以在DeepSeek的对话框中输入"请帮我写一个儿童故事，故事主题为要儿童养成刷牙的好习惯，角色形象为小兔子，请合理安排故事的结构，要求内容生动有趣"，点击发送按钮，DeepSeek生成的故事部分如图6-13所示。

《小兔子的牙齿冒险》

清晨的阳光透过树叶的缝隙洒进森林，小兔子白白正抱着一根胡萝卜啃得欢快。突然，一阵刺痛从牙齿传来，白白"哎哟"一声跳了起来。

"怎么了，白白？"妈妈放下手中的篮子，关切地问道。

白白捂着腮帮子，眼泪在眼眶里打转："牙、牙齿好疼……"

妈妈轻轻掰开白白的嘴巴，皱起了眉头："天哪，你的牙齿上怎么有这么多小黑点？是不是又没有好好刷牙？"

白白低下头，耳朵也耷拉下来。她最讨厌刷牙了，每次都是随便刷两下就溜走。森林里那么多好玩的事情，她才不想把时间浪费在刷牙上呢。

"去找啄木鸟医生看看吧。"妈妈叹了口气。

啄木鸟医生的诊所在森林最高的大树上。白白爬上树的时候，腿都在发抖。诊室里飘着一股淡淡的药水味，啄木鸟医生戴着圆圆的眼镜，正在整理他的工具。

图6-13

在浏览器中输入网址"https://aibrm.com",直接点击首页的"白日梦AI已接入Deepseek R1模型",如图6-14所示。

图6-14

根据提示进行登录操作后,跳转到如图6-15所示页面。将故事脚本复制粘贴到右侧对话框中,在左侧选择视频比例及风格,点击右下方的"拆镜分解","白日梦AI"则会将故事进行镜头分解,如图6-16所示。然后点击右上角的"生成视频",即可成功创作一个绘声绘色的故事动画,如图6-17所示。

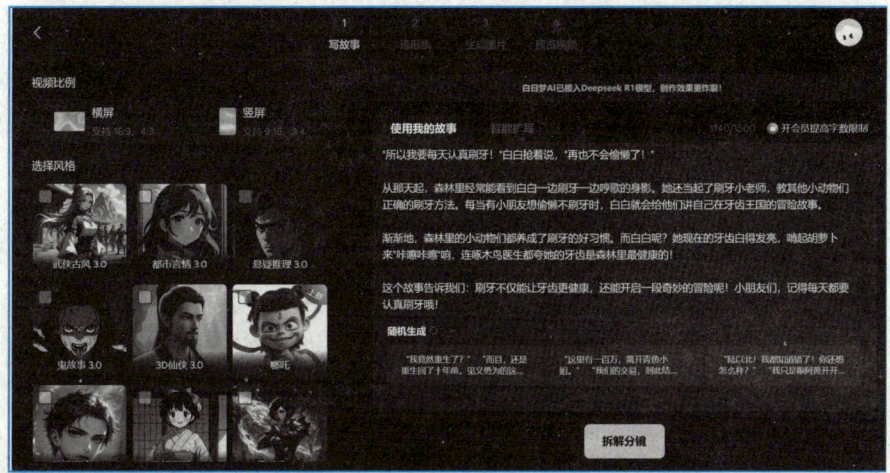

图6-15

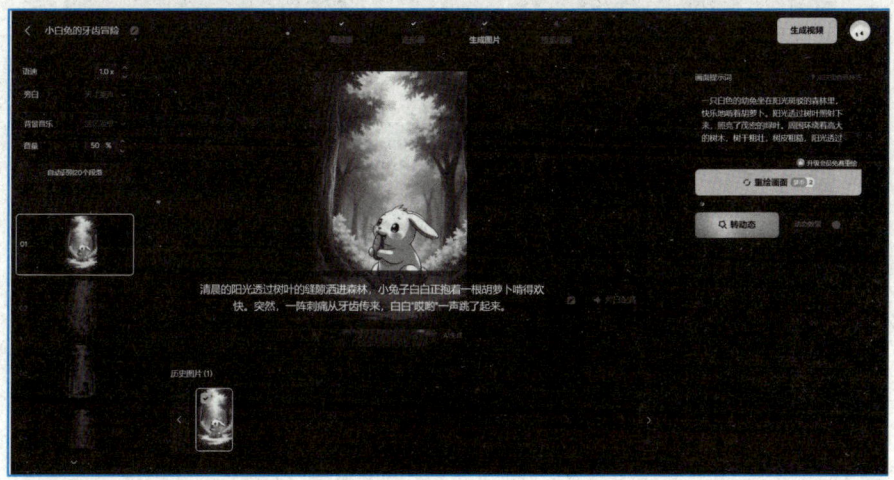

图6-16

第6章 新媒体创作智慧引擎

图6-17

第7章
高效赋能
商业活动

7.1 调研分析市场

调研分析市场是指通过系统的方法收集、整理和分析有关目标市场、消费者、竞争对手以及宏观环境等方面的信息，以帮助企业或决策者了解市场动态和趋势，识别商业机会与风险，为制订有效的市场营销策略提供数据支持和决策依据。

DeepSeek能深度挖掘和分析海量市场数据，提供精准的市场洞察和预测，帮助企业实时跟踪市场动态，捕捉市场机会，优化市场策略。其高效、准确且全面的分析，能显著降低市场调研成本，提升决策的科学性和准确性，为企业带来显著的竞争优势。

7.1.1 DeepSeek调研分析市场的注意事项

1. 使用引导式提问

用户可以预设场景或提供案例，引导DeepSeek进行复杂推理，如"假设你需要为某新能源汽车企业撰写一篇市场调研报告，请从用户画像、竞品对比、SWOT分析三部分进行撰写，并举例说明"。

2. 分步拆解

用户可以要求DeepSeek先展示思考过程，再输出最终答案，避免跳跃性错误。例如，关于人工智能对金融行业的影响，用户可以分步提问："请简述人工智能发展的核心优势；列出金融业当前的技术痛点；结合前两部分分析人工智能对金融行业的具体影响场景。"

7.1.2 操作实例解析

使用DeepSeek进行市场调研时，用户可以先将自己调查的数据上传，或者使用联网搜索功能,让DeepSeek搜集目前相关产品市场的发展现状,然后提出具体的要求。

例如,用户可以在DeepSeek的对话框中输入"请搜集当前国内市场上关于抗老产品的发展现状,列举占市场份额较大的五家产品",点击发送按钮,DeepSeek的部分回答如图7-1所示。

> 请搜集当前国内市场上关于抗老产品的发展现状,列举占市场份额较大的五家产品
>
> 已搜索到 50 个网页
>
> 已深度思考(用时 24 秒)
>
> 根据搜索结果,当前中国抗衰老护肤品市场竞争激烈,国内外品牌在市场份额、产品创新和消费者认知度上各有优势。以下是国内市场上占市场份额较大的五家抗衰老产品品牌及其特点分析:
>
> **1. 雅诗兰黛(Estée Lauder)**
> - **市场地位**:作为国际高端护肤品牌,雅诗兰黛在抗衰老领域占据领先地位,其明星产品如"小棕瓶"精华(Advanced Night Repair)凭借修复和抗皱功效广受消费者认可 [4] [8]。
> - **产品特点**:主打生物活性成分(如二裂酵母发酵产物溶胞物),结合抗氧化和修复技术,针对细纹、松弛等问题提供解决方案。
> - **渠道优势**:通过高端百货专柜和线上电商平台(如天猫旗舰店)覆盖一二线城市消费者。
>
> **2. 兰蔻(Lancôme)**
> - **市场地位**:隶属欧莱雅集团,兰蔻的"小黑瓶"精华(Génifique)在抗初老市场中表现突出,尤其在年轻消费群体中渗透率高 [4] [8]。
> - **产品特点**:以微生态护肤技术为核心,强调肌肤屏障修复和抗糖化功能,结合玻尿酸等保湿成分提升肤感。
> - **创新方向**:近年来推出定制化抗衰老方案,结合智能设备分析用户肤质需求 [3]。

图7-1

在得到回答后,我们可以继续进行追问,即在DeepSeek的对话框中输入"请结合上述搜索到的结果,为我撰写一篇关于国内抗老产品的市场调研报告,请从用户画像、竞品对比、SWOT分析三部分进行撰写",点击发送按钮,DeepSeek的部分回答如图7-2所示。

> 请结合上述搜索到的结果，为我撰写一篇关于国内抗老产品的市场调研报告，请从用户画像、竞品对比、SWOT分析三部分进行撰写

 🔍 已搜索到30个网页 >

 💡 已深度思考（用时24.42秒）∧

国内抗老产品市场调研报告（用户画像、竞品对比、SWOT分析）

一、用户画像分析

1. 核心消费群体特征
   - **年龄与性别**：以 **25-34岁女性** 为主（占比约62%），其次是35-44岁人群（占比28%），男性抗老消费增速显著（年均增长率达15%以上）⑤ ⑥
   - **地域分布**：一二线城市用户占比超70%，下沉市场渗透率快速提升（2024年县域市场增长率达25%）② ⑥
   - **消费偏好**：
     - 注重 **成分功效**（如玻色因、视黄醇、植物提取物），约68%用户优先选择"有临床数据背书"的产品 ③ ⑦
     - 年轻群体（20-30岁）偏好 **性价比** 和 "早C晚A"等科学护肤概念，中高端用户则倾向国际品牌的专利技术（如SK-II的Pitera）① ⑧
2. 消费行为趋势
   - **线上渠道主导**：抖音、小红书等平台内容营销推动购买决策，电商直播贡献约40%的销售额（如珀莱雅抖音渠道占比32%）② ③
   - **健康需求升级**：46%的用户关注"抗老+抗氧化"双功效，23%开始尝试基因检测定制化抗衰方案 ⑦ ⑧

图7-2

7.1.3 DeepSeek调研分析市场的优势

1. 洞察市场趋势与辅助决策

DeepSeek能够借助对市场数据的深度挖掘与精细分析，精准揭示市场趋势及消费者需求的变化。企业能够借此敏锐捕捉新兴市场的增长点，及时对产品策略与市场策略进行灵活调整，从而在激烈的市场竞争中抢占先机。

2. 识别潜在消费者群体与拓展市场

DeepSeek能够通过对市场需求的深入剖析识别潜在消费群体，为企业开辟新的市场空间提供线索。DeepSeek还能帮助企业更有针对性地制订市场拓展策略，有效拓宽业务领域，实现业务的持续增长。

3. 深度挖掘市场数据与优化决策

得益于DeepSeek强大的深度挖掘与分析能力，企业可以充分利用这些经过精细分析的数据结果，对产品策略、市场策略等进行科学调整，以更好地顺应市场变化，推动业务稳健发展。

7.2 撰写产品测评文案

产品测评是对某一产品或服务进行全面、客观分析与评估的过程，通常涉及对产品的功能、性能、用户体验、外观设计、耐用性、性价比等多个维度进行深入考察。测评者会通过实际使用、对比测试、用户反馈收集等方式，获取关于产品的详细信息，并据此给出评价与建议。

DeepSeek作为智能助手或工具，能够辅助我们更全面地收集产品信息，深入分析产品特性与用户反馈。其强大的数据处理能力，能帮助我们精准量化产品性能，确保测评结果的客观性。同时，DeepSeek还能提供市场趋势与竞品分析，让我们的测评文案更具前瞻性和参考价值。

7.2.1 DeepSeek产品测评文案的注意事项

1. 提供具体信息

用户需要简要介绍产品的基本信息，如名称、品牌、类型等，以便DeepSeek提供更贴合实际的回答。

2. 注重逻辑与条理

用户在向DeepSeek提问时，要保持逻辑清晰、条理分明，给出具体明确的需求，帮助DeepSeek更好地理解用户需求。

7.2.2 操作实例解析

使用DeepSeek撰写产品测评文案时，用户可以将想要测评的产品的基本信息告知DeepSeek，在此基础上要求DeepSeek完善该产品相关信息，并从多方面对该产品进一步测评。

例如，在DeepSeek的对话框中输入"请帮我写一篇测评文案，产品是苹果AirPods 4耳机,请继续完善相关信息,并从性能、外观、续航、音质、使用体验等方面进行测评",点击发送按钮,DeepSeek的部分回答如图7-3所示。

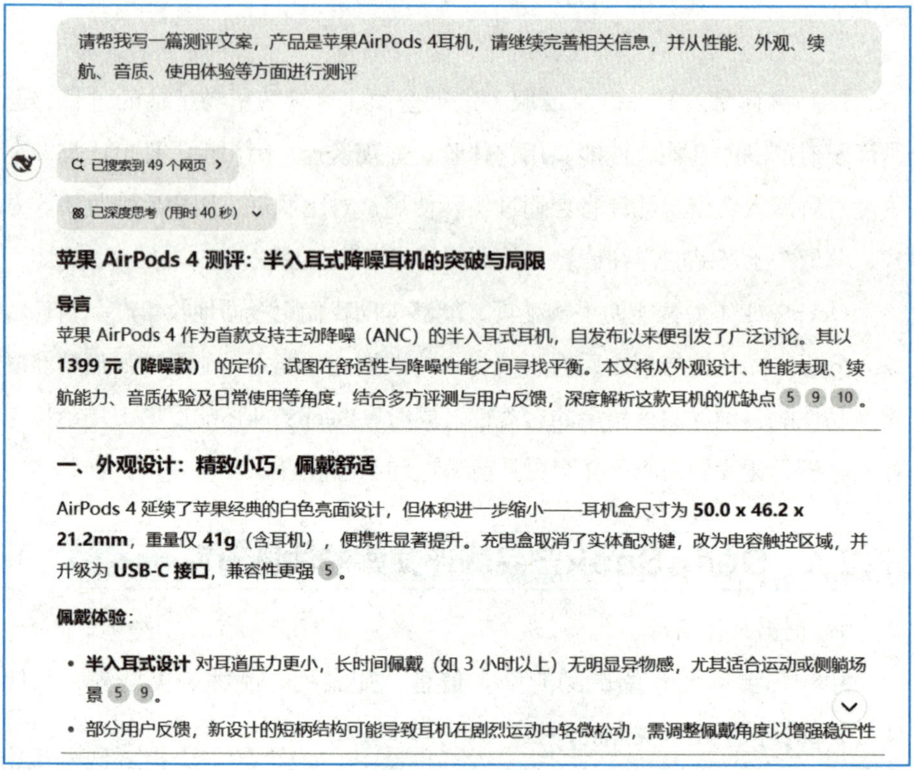

> 请帮我写一篇测评文案,产品是苹果AirPods 4耳机,请继续完善相关信息,并从性能、外观、续航、音质、使用体验等方面进行测评

○ 已搜索到49个网页

⊗ 已深度思考(用时40秒)

苹果 AirPods 4 测评:半入耳式降噪耳机的突破与局限

导言

苹果 AirPods 4 作为首款支持主动降噪(ANC)的半入耳式耳机,自发布以来便引发了广泛讨论。其以 **1399 元(降噪款)** 的定价,试图在舒适性与降噪性能之间寻找平衡。本文将从外观设计、性能表现、续航能力、音质体验及日常使用等角度,结合多方评测与用户反馈,深度解析这款耳机的优缺点 ⑤ ⑨ ⑩。

一、外观设计:精致小巧,佩戴舒适

AirPods 4 延续了苹果经典的白色亮面设计,但体积进一步缩小——耳机盒尺寸为 **50.0 x 46.2 x 21.2mm**,重量仅 **41g**(含耳机),便携性显著提升。充电盒取消了实体配对键,改为电容触控区域,并升级为 **USB-C 接口**,兼容性更强 ⑤。

佩戴体验:

- **半入耳式设计** 对耳道压力更小,长时间佩戴(如3小时以上)无明显异物感,尤其适合运动或侧躺场景 ⑤ ⑨。
- 部分用户反馈,新设计的短柄结构可能导致耳机在剧烈运动中轻微松动,需调整佩戴角度以增强稳定性

图7-3

7.2.3 DeepSeek撰写产品测评文案的优势

1. 精准定位用户需求

DeepSeek能够深入理解用户输入的关键词和语义,精准定位用户需求。在撰写产品测评文案时,使用DeepSeek可以确保文案内容紧密围绕产品特点和用户需求展开,提高文案的针对性和有效性。

2. 数据整合

DeepSeek能够从各种结构化和非结构化数据源中提取信息,并将其整合

到统一的平台上，从而方便地获取产品的相关信息和数据，为文案提供有力的支持。

7.3 撰写营销方案

营销方案是企业为实现其营销目标，创造、建立和保持与目标市场之间的互利交换关系，而制订的一套整体性经营计划。它涉及市场定位、产品策略、价格策略、促销策略以及渠道策略等多个方面。

DeepSeek能快速处理和分析海量市场数据，帮助企业深入洞察消费者行为和市场趋势，从而生成更具针对性的营销方案。此外，它还能自动化处理重复性营销任务，生成个性化营销内容，并持续优化营销方案，提升营销活动效果。

7.3.1　DeepSeek撰写营销方案的注意事项

1. 数据收集与整合

用户可以利用DeepSeek的数据抓取功能，从社交媒体、行业报告、竞争对手网站等多渠道收集市场数据，以及整合企业内部数据，如销售记录、客户反馈、历史营销活动等，形成全面的数据视图。

2. 数据分析与洞察

用户可以借助DeepSeek的数据分析模块，对市场数据进行深度挖掘，识别消费者行为模式、市场趋势和潜在机会，进行细分市场分析，了解不同客户群体的需求和偏好。

3. 确定与优化方案

用户应利用DeepSeek根据数据分析结果，生成个性化的营销方案，包括目标市场定位、产品差异化、定价策略、促销活动等；并可以使用DeepSeek

的预测模型，评估不同营销策略的预期效果，优化方案。

7.3.2 操作实例解析

通过对上述注意事项的掌握，我们可以利用DeepSeek先搜集市场数据，再分析数据并进行营销方案的撰写。

例如，用户可以在DeepSeek的对话框中输入"请从多方面搜集新能源汽车销售数据，包括各品牌的销售情况、客户反馈及历史营销活动"，点击发送按钮，DeepSeek的部分回答如图7-4所示。

> 已搜索到30个网页
>
> 已深度思考（用时21.89秒）
>
> 以下综合多来源信息整理的新能源汽车销售数据及市场动态分析，按品牌销售、客户反馈、营销活动三个维度呈现：
>
> **一、2025年1月及近期销售数据**
>
> 1. **整体市场表现**
>   - 2025年1月新能源汽车销94.4万辆，市占率38.9%，同比增长29.4% ②。
>   - 出口量15万辆，同比增长49.6%，其中乘用车占14.4万辆 ②。
> 2. **品牌销售排名**
>   - **比亚迪**：1月销量超50万辆（历史首次），1-10月累计323.7万辆 ⑥。
>   - **鸿蒙智行**：问界系列领跑，10月交付41,643辆，问界M9单月交付16,004辆 ⑥。
>   - **理想汽车**：1月交付29,927辆（同比下滑3.97%），历史累计交付超116万辆 ①。
>   - **小米汽车**：SU7车型1月交付再破2万辆，连续四个月保持高位，2025年目标30万台 ①。
>   - **小鹏汽车**：1月交付30,350辆（同比增长268%），MONA M03连续2个月交付超1.5万辆 ⑥。
>   - **埃安AION**：10月全球销量40,052辆，智能驾驶技术加速布局，目标2025年量产L3 ⑥。
>   - **零跑汽车**：10月交付38,177辆（同比增长109.7%）⑥。

图7-4

接着，用户可继续与DeepSeek进行交互，在DeepSeek的对话框中输入"在上述数据基础上分析目前市场趋势及潜在机会，帮我写一份×××品牌新能源汽车营销方案，包括目标市场定位、产品差异化、定价策略、促销活动等"，点击发送按钮，DeepSeek的部分回答如图7-5所示。

> 🔍 已搜索到30个网页 >
>
> 💭 已深度思考（用时15.5秒） ∧
>
> 以下是基于市场趋势分析的XXX品牌新能源汽车营销方案，结合行业动态与用户需求，从四个核心维度提出可落地方案：
>
> **一、市场趋势与机会洞察**
> 1. 核心趋势
>   - **高端化升级**：30万元以上车型销量增长超25% [1]，问界M9/理想L9等高端车型验证消费升级需求。
>   - **智能化决胜**：用户对L3级自动驾驶、智能座舱关注度提升，小鹏/埃安技术布局拉动销量增长 [6]。
>   - **场景化需求**：家庭用户偏好空间与安全，年轻群体注重科技体验，下沉市场关注性价比 [6]。
> 2. 潜在机会
>   - **高端细分市场**：开发30-50万元豪华智能SUV，填补高端家庭出行空白。
>   - **充电服务生态**：整合超充站+换电网络，解决续航焦虑痛点 [2]。
>   - **跨界体验经济**：与文旅/科技品牌联名，打造「车+服务」生态圈 [4]。
>
> **二、目标市场定位策略**
> 1. 核心客群
>   - **主力市场**：25-40岁新中产家庭，聚焦一线及新 ∨ 城市（北京、上海、广州、成都）。
>   - **潜力市场**：二三线城市科技爱好者，偏好高性价比智能车型。

图7-5

7.3.3　DeepSeek生成营销方案的优势

1. 数据驱动与深度分析

DeepSeek能够整合并深度分析海量市场数据，包括消费者行为、竞争对手动态、行业趋势等，为营销方案提供坚实的数据基础。通过自然语言处理和数据挖掘技术，DeepSeek能够揭示数据背后的规律和趋势，提供更精准的洞察和预测。

2. 结构化与逻辑化输出

DeepSeek生成的营销方案具有高度的结构化和逻辑化特点，使得方案易于理解和实施；并且，方案中的各个部分紧密相连，形成一个完整的营销体系，有助于提升产品营销效果。

3. 高效与便捷

DeepSeek通过智能算法和模型自动分析数据并生成方案，提高了完成营销方案的效率和便捷性，有助于企业更快地适应市场变化，抓住营销机遇。

7.4 撰写定价方案

定价方案是企业为实现营销目标，根据定价目标和市场环境，灵活制订的价格方针。它涉及新产品定价、产品组合定价、地区定价、心理定价、折扣定价及价格调整等多个方面。企业需综合考虑成本、市场需求、竞争状况等因素，选择合适的定价方案，以平衡利润与市场占有率，提升市场竞争力。

DeepSeek能对大量市场数据进行深度挖掘和分析，预测市场需求和价格走势。此外，DeepSeek还能精确核算成本，考虑客户购买行为、偏好和价格敏感度，为不同客户生成个性化的价格方案，从而实现利润最大化。

7.4.1 DeepSeek撰写定价方案的注意事项

1. 明确背景信息

用户需要向DeepSeek提供详尽且全面的背景信息，包括但不限于当前的市场环境分析、消费者行为趋势、竞争对手的定价策略及市场表现等，为DeepSeek提供一个清晰的框架，帮助其深入理解市场动态，从而生成更加贴合实际情况、具备高度可行性的定价方案。

2. 提供成本数据

为了获得既合理又具备竞争力的价格策略，用户应该向DeepSeek提供精确且详尽的产品成本数据，包括固定成本（如租金、设备折旧等）和变动成本（如原材料费用、劳动力成本等）的详细核算。准确的成本数据将为DeepSeek提供定价基础，确保其生成的定价方案能够在保证利润的同时，也能被市场接受。

3. 阐述价值定位

用户能清晰、明确地阐述产品的独特价值主张，是确保价格能够准确反映产品价值的关键。DeepSeek将根据用户提供的价值定位信息，结合市场需求和竞争状况，生成一份既能凸显产品独特卖点，又能吸引目标消费者的定价方案。

7.4.2 操作实例解析

使用DeepSeek撰写定价方案时，用户可以先要求DeepSeek对目前产品的市场环境、消费者行为趋势、竞争对手的定价策略及市场表现进行分析，然后给出自己产品的成本及价值定位，让DeepSeek进一步分析并生成定价方案。

例如，用户可以在DeepSeek的对话框中输入"请分析一下当前排名前三的智能手机市场环境、消费者行为趋势、竞争对手的定价策略及市场表现"，点击发送按钮，DeepSeek的部分回答如图7-6所示。

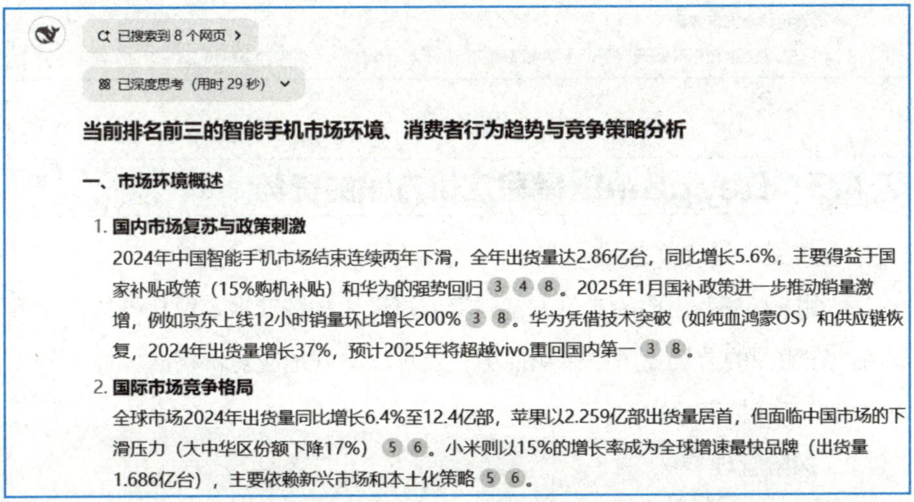

> 🔍 已搜索到 8 个网页 >
>
> ⊗ 已深度思考（用时 29 秒） ∨
>
> **当前排名前三的智能手机市场环境、消费者行为趋势与竞争策略分析**
>
> **一、市场环境概述**
>
> 1. **国内市场复苏与政策刺激**
>   2024年中国智能手机市场结束连续两年下滑，全年出货量达2.86亿台，同比增长5.6%，主要得益于国家补贴政策（15%购机补贴）和华为的强势回归 ③ ④ ⑧ 。2025年1月国补政策进一步推动销量激增，例如京东上线12小时销量环比增长200% ③ ⑧ 。华为凭借技术突破（如纯血鸿蒙OS）和供应链恢复，2024年出货量增长37%，预计2025年将超越vivo重回国内第一 ③ ⑧ 。
>
> 2. **国际市场竞争格局**
>   全球市场2024年出货量同比增长6.4%至12.4亿部，苹果以2.259亿部出货量居首，但面临中国市场的下滑压力（大中华区份额下降17%）⑤ ⑥ 。小米则以15%的增长率成为全球增速最快品牌（出货量1.686亿台），主要依赖新兴市场和本土化策略 ⑤ ⑥ 。

图7-6

之后，用户可继续与DeepSeek进行交互，在DeepSeek的对话框中输入："请为我生成一份定价方案，我们公司研发的××型智能手机成本约为3000元，品牌定位是高端市场、高配置、高标准、高性能，目标受众为追求时尚潮流的年轻群体，请结合上述搜集到的市场情况进行定价方案设计。"点击发送按钮，DeepSeek的部分回答如图7-7所示。

> 已搜索到9个网页
>
> 已深度思考（用时27秒）
>
> **高端智能手机定价方案设计**
>
> 基于当前市场环境、消费者行为趋势及竞争对手策略，结合贵公司产品定位（高端市场、高配置、目标受众为时尚年轻群体），现制定以下定价方案：
>
> **一、定价策略核心逻辑**
>
> 1. **价值导向定价：**
>   - 以"技术溢价+品牌溢价"为核心，通过高配置（如旗舰芯片、顶级影像系统、AI功能）和差异化设计（如环保材质、联名IP）塑造高端形象，定价区间设定为6000-8000元，符合国产高端机型主流价位段 6 8。
>   - **成本加成基准：** 成本3000元，目标毛利率50%-60%，初始定价需覆盖研发、营销及渠道成本。
>   - **竞争对标：** 参考华为Mate系列（6000-10000元）、小米15系列（4500-7000元），通过性能参数超越同类产品，支撑溢价 3 6。
>
> 2. **心理定价与锚定效应：**
>   - **主力机型定价6999元**（略低于苹果基础款但高于国产旗舰），传递"轻奢科技"品牌定位，锚定⋯⋯

图7-7

7.4.3　DeepSeek撰写定价方案的优势

1. 增强市场竞争力

利用DeepSeek生成的定价方案，企业可以更加精准地定位自己的产品或服务，在激烈的市场竞争中脱颖而出；还可以更好地应对价格战，通过动态调整价格来保持竞争力。

2. 风险管理

通过使用DeepSeek，企业可以快速识别和管理定价策略中的潜在风险，如价格歧视、反垄断合规等，确保定价策略的合法性和合规性。

7.5　分析竞争对手

对竞争对手的分析能够帮助企业深入了解行业内的竞争态势，明确自身在市场中的位置。通过分析竞争对手的产品、服务、定价策略、市场占有率、营销手段及技术创新等方面，企业可以发现自身的优势和不足，从而制订更有效的市场竞争策略。

DeepSeek通过集成大数据分析和人工智能技术，能够快速识别竞争对手的关键策略、市场趋势及潜在机会，帮助企业深入理解竞争对手的产品特性、用户反馈、市场份额等关键信息，进而调整和完善整体策略。

7.5.1　DeepSeek分析竞争对手的注意事项

1. 明确分析目标

用户需明确想要DeepSeek从哪些方面分析竞争对手，如产品线、定价策略、市场份额等。例如，用户可以向DeepSeek提问："请分析××公司在×××产品线上的定价策略及其市场反应。"

2. 结构化提问

用户可以采用结构化的提问方式，引导DeepSeek提供更精准的信息。例如，用户可以从产品特点、市场定位、营销策略等多个维度提问，以全面了解竞争对手。

3. 对比提问

用户在提问时，可以将竞争对手与自身或行业标杆进行对比，发现自身的优势和不足。例如，用户可以向DeepSeek提问："与××公司相比，我们在×××产品线的核心竞争力是什么？"

4. 深入挖掘

在DeepSeek生成结果后，用户可以进一步深入挖掘竞争对手背后的策略和动机。例如，用户可以向DeepSeek提问："××公司采取这种营销策略背后的原因是什么？"

7.5.2 操作实例解析

使用DeepSeek分析竞争对手时，用户需要与DeepSeek进行多次交互。

例如，用户可以在DeepSeek的对话框中输入"请从产品特点、市场定位、营销策略等方面分析小米智能家居产品"，点击发送按钮，DeepSeek从四个方面对小米智能家居进行了分析，部分回答如图7-8所示。

> 已搜索到 50 个网页
>
> 已深度思考（用时 28 秒）
>
> 小米科技在智能家居领域的发展策略可从产品特点、市场定位及营销策略三个维度综合分析如下：
>
> **一、产品特点**
>
> 1. **高性价比与丰富产品矩阵**
>   小米智能家居产品以"高性价比"为核心竞争力，通过生态链合作模式整合多品类产品（如智能家电、安防、照明等），覆盖家庭生活全场景。例如，米家中央空调Pro、洗烘套装Pro等新品在功能上对标高端品牌，但价格更亲民 8 10。
>   - **生态互联**：产品依托米家APP和小爱同学语音助手实现全屋设备互联互通，提供智能化、个性化的用户体验 2 5。
>   - **技术升级**：近年来通过自研技术提升产品性能，如中央空调的智能空气管理系统和冰箱的双系统设计，突出功能差异化 10。
>
> 2. **用户体验与服务**
>   用户反馈显示，小米产品在操作便捷性、售后响应速度等方面表现良好，且通过持续迭代优化功能，如智能场景联动（自动调节灯光、温湿度等）2 5。
>
> **二、市场定位**
>
> 1. **核心目标群体**
>   小米智能家居主要面向**年轻消费者**，尤其是注重科技体验、追求生活便捷性且预算有限的用户。其产品定价集中于中低端市场，例如入门级智能摄像头、插座等设备，吸引首次尝试智能家居的消费者 2 5。
>
> **三、营销策略**
>
> 1. **线上线下融合的渠道布局**
>   - **线上渠道**：依托电商平台（如小米商城、京东、天猫）实现快速覆盖，并利用社交媒体直播带货增强曝光 5 10。
>   - **线下渠道**：通过小米之家实体店和与传统家电卖场合作，提供体验式消费场景，增强用户信任感 5。

图7-8

在获取竞争对手的相关信息后，我们可以继续向DeepSeek进行追问："小米科技采取这种营销策略背后的原因是什么？与美的家居这样的老品牌相比，小米科技的智能家居具备什么优势？"点击发送按钮，DeepSeek的部分回答如图7-9所示。

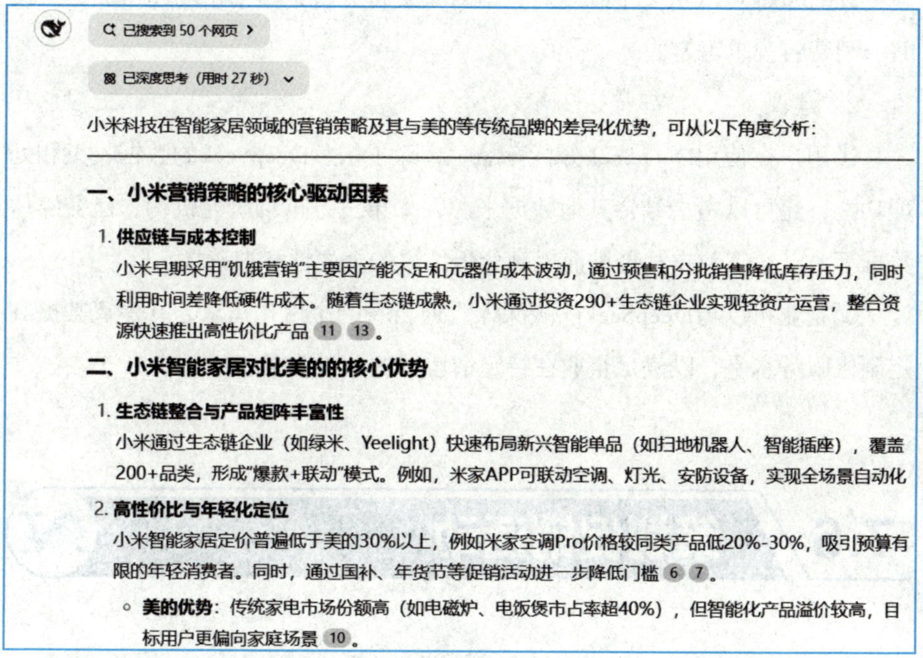

> 🔍 已搜索到 50 个网页 ›
>
> 💭 已深度思考（用时 27 秒）﹀
>
> 小米科技在智能家居领域的营销策略及其与美的等传统品牌的差异化优势，可从以下角度分析：
>
> **一、小米营销策略的核心驱动因素**
>
> 1. **供应链与成本控制**
>   小米早期采用"饥饿营销"主要因产能不足和元器件成本波动，通过预售和分批销售降低库存压力，同时利用时间差降低硬件成本。随着生态链成熟，小米通过投资290+生态链企业实现轻资产运营，整合资源快速推出高性价比产品 ⑪ ⑬ 。
>
> **二、小米智能家居对比美的的核心优势**
>
> 1. **生态链整合与产品矩阵丰富性**
>   小米通过生态链企业（如绿米、Yeelight）快速布局新兴智能单品（如扫地机器人、智能插座），覆盖200+品类，形成"爆款+联动"模式。例如，米家APP可联动空调、灯光、安防设备，实现全场景自动化
> 2. **高性价比与年轻化定位**
>   小米智能家居定价普遍低于美的30%以上，例如米家空调Pro价格较同类产品低20%-30%，吸引预算有限的年轻消费者。同时，通过国补、年货节等促销活动进一步降低门槛 ⑥ ⑦ 。
>   ○ **美的优势**：传统家电市场份额高（如电磁炉、电饭煲市占率超40%），但智能化产品溢价较高，目标用户更偏向家庭场景 ⑩ 。

图7-9

7.5.3　DeepSeek分析竞争对手的优势与建议

1. 优势

（1）实时性与准确性

通过联网搜索功能，DeepSeek能够跟踪市场动态和竞争对手的各类信息，确保企业能够迅速捕捉竞争对手的最新动态，并及时做出响应。同时，通过深度学习和数据挖掘技术，DeepSeek能够准确分析市场数据和竞争对手信息，揭示数据背后的规律和趋势，为企业提供精准的市场洞察和预测。

（2）深入性与全面性

DeepSeek的市场洞察功能不仅能关注竞争对手的表面信息，还能够深入挖掘其背后的本质和规律，有助于企业更全面地了解竞争对手的情况。

（3）多维度分析

DeepSeek可以从多个维度对竞争对手进行分析，包括市场趋势、定价策略、消费者需求等方面。

2. 建议

①用户在使用DeepSeek分析竞品时，除了依赖DeepSeek的数据收集和处理功能，还可以考虑结合其他数据来源，如第三方市场研究机构、社交媒体数据等，以拓宽数据视野进而提高分析结果的全面性和准确性。

②企业可以与DeepSeek团队深入沟通自身的个性化需求，并建议其提高定制化服务水平，以满足企业在特定情境下的分析需求。

7.6 策划促销活动

促销活动是指企业为了提升产品销量、增强品牌影响力或吸引新客户而精心设计和规划的一系列营销活动。这些促销活动通常包括打折、附加赠品、抽奖、限时优惠等多种形式，旨在激发消费者的购买欲望，促进商品流通。

DeepSeek能够深入挖掘消费者行为模式和偏好，帮助企业更准确地定位目标受众，制订个性化的促销策略。商家可以利用DeepSeek设计出更具吸引力的促销活动，提高营销资源的使用效率，在激烈的市场竞争中脱颖而出，实现销量增长和品牌影响力的提升。

7.6.1　DeepSeek策划促销活动的注意事项

1. 精准提问

用户可以使用"角色+场景+需求"的格式进行提问，帮助DeepSeek更准确地理解用户需求，如"作为电商平台的运营负责人，针对即将到来的'双十一'大促，我需要一个以提升销量20%为目标的促销活动方案，要求方案具有创新性且易于执行"。

2. 迭代优化

用户可以让DeepSeek在已回答内容的基础上进行优化，以获得更加准确、有条理和全面的答案，如"请针对这个促销活动方案，给出至少三个可能的改进方向，并详细解释每个方向的优势"。

3. 减少术语的使用

用户应直接要求DeepSeek用通俗易懂的语言回答问题，避免专业术语的堆砌。

7.6.2　操作实例解析

通过对上述注意事项的掌握，我们可以与DeepSeek多次交互，让其完成对促销活动的策划。

例如，用户可以在DeepSeek的对话框中输入"针对即将到来的618大促，请帮我设计一个美妆产品营销活动策划方案，要求方案内容要全面、创新、具有可行性，活动内容要新颖、有吸引力"，点击发送按钮，DeepSeek即生成一份活动策划方案，部分回答如图7-10所示。

> 针对即将到来的618大促，请帮我设计一个美妆产品营销活动策划方案，要求方案内容要全面、创新、具有可行性，活动内容要新颖、有吸引力

🧠 已深度思考（用时29秒）∨

618美妆大促营销活动策划方案
主题：「美力觉醒」——开启你的高光时刻
目标：提升品牌声量、实现销量爆发、增强用户黏性、抢占市场份额

一、活动整体框架设计

1. 活动周期
- **预热期（5月20日-5月31日）**：悬念造势、种草蓄水
- **爆发期（6月1日-6月18日）**：全渠道转化、直播+社群裂变
- **返场期（6月19日-6月21日）**：余热收割、口碑传播

2. 核心策略
- **科技+互动**：结合AR试妆、AI肤质检测等黑科技提升体验。
- **社交裂变**：通过UGC内容+用户任务裂变引流。
- **情感共鸣**：打造"女性自信力"主题，传递品牌价值观。

二、活动内容设计（创新点+可行性）

【线上板块】

1. **「美妆盲盒」——神秘惊喜引爆好奇心**
   - **玩法**：用户购买指定金额产品即赠"高光盲盒"，内含爆款小样、联名周边、大额优惠券（最高可开出免单券）。
   - **创新点**：盲盒机制结合社交分享（分享活动页可多解锁1次盲盒机会）。

2. **「AI私人美妆顾问」——科技赋能精准营销**
   - **工具**：上线AI小程序，用户上传照片生成专属肤质报告，推荐适配产品组合。
   - **转化链路**：报告附带618专属优惠码，用户可直接跳转购买。

3. **「直播造星计划」——打造沉浸式购物体验**

图7-10

在此基础上，用户可以与DeepSeek进一步交流，在对话框中输入"在本次营销活动中，我需要达到利润2亿元的目标，请针对上述的促销活动方案给出三个可能的改进方向，并详细解释每个方向的优势"，点击发送按钮，DeepSeek生成方案的优化结果，部分如图7-11所示。

> 🧠 已深度思考（用时 21 秒）∨
>
> 以下是针对原方案达成**2亿元利润目标**的三个关键改进方向，结合成本优化与收益提升策略，确保活动在保持创新性的同时增强盈利能力：
>
> **方向一：优化产品组合策略，提升高毛利产品渗透率**
>
> **具体改进措施：**
>
> 1. **主推高毛利明星单品：**
>   - 将原方案中的「盲盒赠品」改为**「明星正装+小样组合」**（如买高毛利精华液正装送同款小样），替代单纯赠送低毛利小样，既提升客单价，又通过小样培养用户复购。
>   - **优势**：直接拉动高毛利产品销量，避免赠品成本稀释利润（例如精华液毛利率60%，小样毛利率仅30%）。
> 2. **捆绑销售"黄金套餐"：**
>   - 设计**「护肤全流程套餐」**（洁面+水+精华+面霜），价格比单买低15%，但套餐内包含1-2款高毛利产品。

图7-11

7.6.3　DeepSeek策划促销活动的优势与建议

1. 优势

（1）优化促销策略与时机

DeepSeek能预测不同时间段的客流量和消费趋势，帮助商家选择推出促销活动的最佳时机，确保活动效果最大化。根据不同节日、季节、热点事件等，DeepSeek可以生成多种活动策划方案，并提供活动预算、执行流程等详细内容，减轻商家策划活动的负担。

（2）高效库存管理与进货策略

DeepSeek能根据历史销售数据和市场趋势，预测未来哪些商品会畅销，帮助商家制订合理的进货计划，避免盲目进货造成的库存积压。通过数据分析，DeepSeek也能及时识别出滞销商品，助力商家及时推出清仓促销活动，使资金回流。

（3）数据驱动决策与支持

DeepSeek可以将复杂的销售数据、库存数据等以图表的形式直观展示，帮助商家快速了解经营状况；能通过深入分析各项经营指标，找出经营中的问题和机会,为商家提供决策支持;还能实时监控经营数据,及时发现潜在风险并发出预警,帮助商家规避风险。

2. 建议

①用户应明确促销活动的目标和需求,如提高品牌知名度、提升产品销量或加强顾客忠实度等,并将目标和需求清晰地传达给DeepSeek,以便它生成更符合期望的促销方案。

②为了获得更精准的促销方案,用户需要向DeepSeek提供详细的数据,包括顾客消费习惯、市场竞争态势、产品特点等,有助于DeepSeek更深入地了解市场和顾客需求,从而生成更具针对性的促销策略。

③虽然DeepSeek能够生成高质量的促销方案,但每个市场和顾客群体都有其独特性。在将DeepSeek生成的方案实施前,用户应结合实际情况进行调整和优化,以确保方案的有效性和适应性。

7.7 管理客户关系

通过管理客户关系,企业能深入了解客户的需求与偏好,实现个性化服务与营销,增强客户对企业的满意度与忠实度。同时,管理客户关系也有助于企业优化客户服务流程,提升响应速度,确保高效解决客户问题,维护良好的企业形象。

DeepSeek能够帮助企业深入挖掘客户需求,识别潜在客户,实现精准营销和个性化服务,助力企业及时调整策略和采取相应措施。

7.7.1 DeepSeek管理客户关系的注意事项

1. 明确目标

DeepSeek有强大的思维能力,因此用户在提问时无须教导DeepSeek,直接清晰地说明目的即可。例如,用户可以这样提问:"我想了解如何提升客户满意度，你能给我一些建议吗？"

2. 提供详细背景

为了让DeepSeek给出更贴合实际的建议，用户需要提供必要的任务背景。例如，用户可以这样提问："我们是一家销售电子产品的公司，目前面临客户流失的问题，你觉得我们应该怎么做才能提高客户忠实度？"

3. 要求详细解释

如果DeepSeek给出了一个建议或解决方案，用户可以要求它详细解释其背后的逻辑和推理过程。例如，用户可以这样要求："你能解释一下为什么这个策略能够提升客户满意度吗？"

7.7.2 操作实例解析

通过对上述注意事项的掌握，我们可以与DeepSeek多次交互，让其给出企业在管理客户关系方面的建议。

例如，用户可以在DeepSeek的对话框中输入："我们是一家老牌电子产品公司，目前面临客户流失的问题，你觉得我们应该怎么做才能提高客户忠实度？怎样才能更好地维护客户关系？请给我一套具体的方案。"点击发送按钮，DeepSeek即生成一套系统性解决方案，部分如图7-12所示。

> 已深度思考（用时18秒）
>
> 针对贵司作为老牌电子产品企业面临的客户流失问题，我将从战略诊断、客户生命周期管理、忠诚度体系搭建和数字化工具赋能四个维度，提供一套系统性解决方案。以下是具体执行框架：
>
> **一、深度客户流失诊断（30天内完成）**
>
> 1. 客户分群画像分析
> - 建立RFM模型（最近消费/频次/金额）划分高价值/沉睡/流失客群
> - 绘制客户旅程地图，标注各环节流失率（如售前咨询→购买转化→售后互动）
> - 流失客户电话回访（抽样200人）
>
> 2. 服务触点诊断
> - 神秘顾客暗访：模拟消费者体验官网/门店/400热线全流程
> - 维修工单分析：统计TOP10高频故障机型及平均解决时长

图7-12

7.7.3　DeepSeek管理客户关系的优势与建议

1. 优势

（1）深度洞察客户需求

DeepSeek能够深度挖掘和分析客户数据，帮助企业更全面地了解客户需求、偏好和行为模式，从而制订更加精准和个性化的客户关系管理策略。

（2）智能化推荐与优化

基于强大的推理和预测能力，DeepSeek可以智能推荐最佳的销售、服务和营销策略，并根据市场变化和客户反馈进行实时优化，提高客户的满意度和忠实度。

（3）高效处理客户数据

DeepSeek能够快速整合和处理来自多个渠道的客户数据，提高对数据进行分析和利用的效率，为企业决策提供更加及时和准确的信息支持。

2. 建议

企业可以利用DeepSeek的实时分析能力，建立客户反馈机制，及时收集和处理客户的意见和建议，并根据客户反馈持续优化产品和服务，提升客户的满意度和忠实度。

第8章
随行生活
百事通

8.1 制订健康养生计划

良好的健康状况是生活、工作和享受人生的基础,通过养生,人们可以增强身体抵抗力,降低患病风险,提高生活质量。在现代社会,随着生活节奏的加快和工作压力的增大,人们更容易出现各种健康问题,也越来越注重养生。学习和实践健康养生知识,有助于人们调整身心状态,过上更加健康、幸福的生活。

DeepSeek能够迅速整合和分析大量数据,为用户提供最新的健康养生知识和科学研究,还能根据用户的具体需求,提供个性化的建议,帮助用户制订适合自己的养生计划。此外,DeepSeek还能解答用户关于健康养生的疑问,并提供科学的解释和依据。

8.1.1 DeepSeek制订健康养生计划的注意事项

1. 提供多维数据

用户可以通过输入详细的身体状况(如基础代谢率、血压、过敏史等)、生活习惯(如作息时间、运动频率等)和健康目标(如减脂、改善睡眠、调节肠胃等),让DeepSeek生成针对性方案。

2. 融合传统养生与现代医学逻辑

用户可以要求DeepSeek将中西医数据融合(如中医体质辨识+西医体检报告),并加入行为心理学激励设计,提升养生计划的可执行性。

3. 利用AI反馈机制迭代计划

用户可以让DeepSeek进行周期性健康评估和实时场景适配(如出差、季节变化等),或者上传之前的养生计划,让DeepSeek做出评估并自动优化计划。

8.1.2 操作实例解析

通过对上述注意事项的掌握,我们可以告知DeepSeek自己的身体状况及日常生活状态,让其基于这些信息给出具体的养生计划。

例如,用户可以在DeepSeek的对话框中输入:"女性,28岁,脾胃虚弱,皮肤干燥,每日23点睡觉,7点起床。请根据我的体质与健康需求,结合中医调理与现代医学建议,列出5条健康饮食及日常锻炼计划的建议。"点击发送按钮,DeepSeek的部分回答如图8-1所示。可以看出,DeepSeek根据用户的要求,从健康饮食和日常锻炼与作息两个方面给出了具体建议。

> 已深度思考(用时20秒)
>
> **健康饮食建议**
>
> 1. **健脾养胃饮食**
>   - **中医调理**:多食黄色食物(南瓜、小米、山药)促进脾胃运化,避免生冷、油腻、过甜食物。
>   - **现代医学**:补充优质蛋白(鱼肉、鸡蛋、豆类)和益生菌(无糖酸奶),增强消化功能。
> 2. **滋阴润燥护肤**
>   - **中医调理**:增加银耳、百合、黑芝麻、蜂蜜等滋阴食材,减少辛辣燥热食物(辣椒、烧烤)。
>   - **现代医学**:每日摄入富含Omega-3的食物(深海鱼、亚麻籽)及维生素E(坚果、菠菜),改善皮肤屏障。
> 3. **规律饮食节奏**
>   - 三餐定时定量,避免暴饮暴食;可少量加餐(如红枣、蒸苹果)。
>   - 晨起空腹喝温开水,餐后1小时饮用陈皮山楂茶助消化。
>
> **日常锻炼与作息建议**
>
> 4. **温和运动增强体质**
>   - **中医调理**:选择八段锦、太极拳等低强度运动,每日20-30分钟,疏通经络、健脾益气。

图8-1

8.1.3　DeepSeek制订健康养生计划的优势与建议

1. 优势

（1）个性化定制

DeepSeek能够根据用户的年龄、性别、身体状况、饮食习惯，以及季节变化等多维度信息，生成个性化的健康养生计划。这种个性化的定制服务，使得养生计划更加符合用户的实际需求，提高了计划的可行性和有效性。

（2）科学性与专业性

DeepSeek能够整合中医调理与现代医学知识体系，为用户提供科学、专业的健康养生建议。其算法能够分析用户的体检报告、饮食习惯等数据，从而为用户提供更加精准的健康管理方案。

（3）全方位覆盖

DeepSeek的养生计划不仅关注饮食调理，还涵盖了运动、睡眠、情绪管理等多个方面。因此，用户能够从多个角度改善自己的健康状况，提高生活质量。

（4）便捷性

用户只需在DeepSeek中输入相关信息，即可获得一份详细的健康养生计划。这使得用户能够随时随地获取健康养生知识，方便又快捷。

2. 建议

①虽然DeepSeek提供了个性化的健康养生计划，但用户仍需具备一定的健康知识和自我管理能力，才能更好地执行计划。

②为了更好地评估养生计划的效果，用户可以定期记录自己的身体状况、饮食习惯等数据，并上传给DeepSeek进行分析，让其提供更加精准的调整建议。

8.2 辅助布置家居

布置家居不仅是为了美化居住环境，还是生活品质与个人品位的体现。一个精心设计的家居空间，能够营造出温馨舒适的氛围，提升居住者的幸福感和满足感，有助于居住者改善心情、减轻压力、提高工作效率。同时，通过合理的空间规划、色彩搭配和家具选择，能够创造出既实用又美观的生活环境，让家成为真正的避风港和精神寄托。

DeepSeek能够运用先进的人工智能技术，分析用户的审美偏好、生活习惯及空间需求，生成既美观又实用的家居布置建议。这不仅能节省用户的时间和精力，还能确保家居布置与用户的整体生活方式完美契合，营造出既舒适又具有个性的居住环境，帮助用户轻松实现理想中的家居风格，享受智能化带来的便捷与乐趣。

8.2.1 DeepSeek辅助布置家居的注意事项

1. 具体描述信息

在提问时，用户要尽量提供具体的信息，如室内空间的尺寸、形状、周边环境等。这有助于DeepSeek更准确地理解空间情况，给出更贴合实际的建议。

2. 突出重点描述

用户可以针对每个区域提出具体的特定需求，突出重点。例如，在询问玄关布置时，用户可以强调鞋柜的收纳需求、挂钩的数量和位置等。

3. 追问寻求建议

不要仅限于询问具体的布置方案，用户还可以要求DeepSeek给出设计图纸或参考图片等，或者进一步追问关于风格搭配、色彩选择等方面的建议，这有助于提升家居布置的整体效果。

8.2.2 操作实例解析

通过对上述注意事项的掌握,我们可以告知DeepSeek房屋的基本信息以及居住者的生活习惯和风格偏好,让其基于这些信息给出具体的家居布置方案。

例如,用户可以在DeepSeek的对话框中输入:"请帮我设计一份客厅装修方案:客厅尺寸为40平方米(5米×8米),西侧有落地窗,客厅阳台需要有一个休闲角,整体风格为北欧极简风。同时我还需要一份设计图纸,用HTML格式输出即可。"点击发送按钮,DeepSeek生成的方案部分如图8-2所示。单击DeepSeek回答内容中HTML代码右下角的"运行HTML",即可看到DeepSeek生成的设计图纸,部分图纸如图8-3所示。

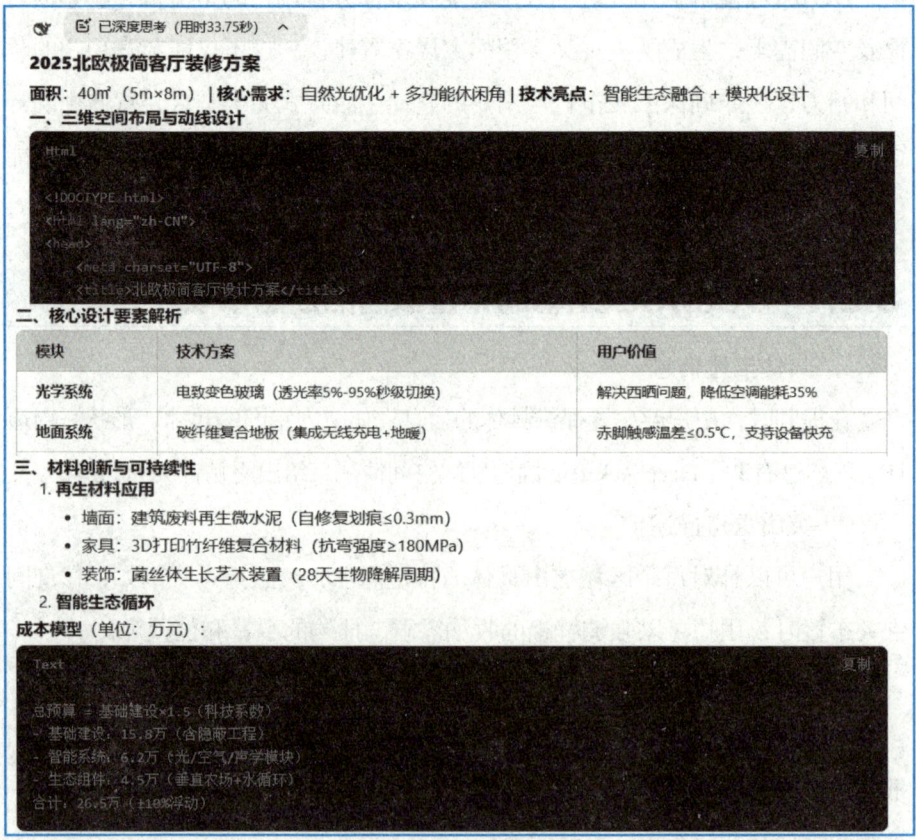

图8-2

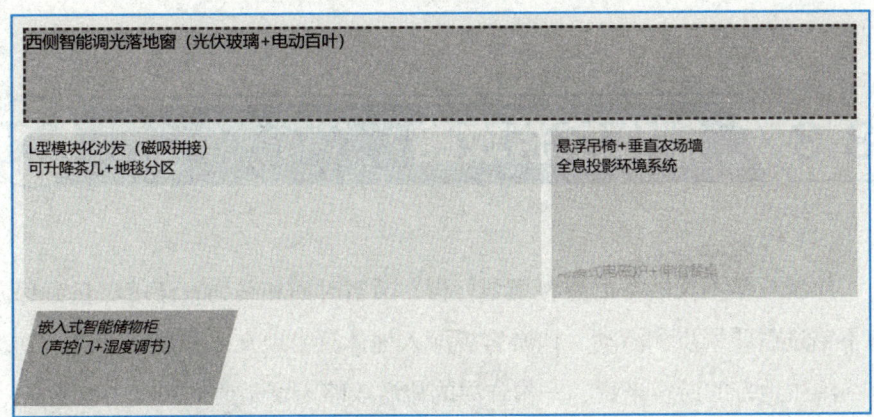

图8-3

8.2.3 DeepSeek辅助布置家居的优势

1. 深度智能化

DeepSeek具备强大的自然语言处理、机器学习和跨模态学习能力,能够精准理解用户的指令和需求。因此,DeepSeek可以根据用户的描述和空间情况,自动生成符合需求的家居布置方案。

2. 个性化定制

DeepSeek能够学习用户的生活习惯和偏好,从而提供个性化的家居布置建议。例如,DeepSeek会根据用户的喜好选择家具风格、颜色搭配等,使家居环境更加符合用户的个性。

3. 高效便捷

DeepSeek可以快速生成多个家居布置方案,供用户选择和调整。用户还可以通过多次与DeepSeek的互动,不断优化和完善布置方案,直至达到满意的效果。

8.3 制作旅游攻略

旅游攻略不仅能帮助游客规划行程，节省时间和精力，还能尽量确保游客不错过重要景点和活动，让游客更深入地体验当地文化和风俗。对于初次前往陌生地方的游客来说，一份详尽的旅游攻略无疑是他们的得力助手。

DeepSeek具备先进的算法和人工智能技术，能够根据用户的个性化需求，提供精准且定制化的旅行建议，还能够整合丰富的旅游信息，包括景点介绍、交通方式、住宿推荐等，帮助用户节省大量搜索和筛选的时间。同时，它也能根据实时数据，如天气、客流量等，为用户提供实时的旅行小贴士，确保行程的顺利进行。

8.3.1 DeepSeek制作旅游攻略的注意事项

1. 明确目的地和时间

用户需要清晰描述旅行目的地和时间，例如，我们决定在6月前往某地旅行，可以这样提问："我们的目的地是×××，计划在6月的第三周进行为期5天的旅行。请基于这个时间点和地点，为我们推荐必游景点、特色美食、交通方式以及住宿选择。同时，考虑到夏季的天气情况，能否提供一些防晒和避暑的小贴士？"这样的提问方式既简洁明了，又能确保DeepSeek为我们提供精准且实用的旅行建议。

2. 细化需求

不要害怕提问过于详细，越具体的问题越能帮助DeepSeek理解你的需求，从而提供更加个性化的旅游攻略。用户可以直接向DeepSeek说明自身的身体状况、年龄、预算等，使之给出更加个性化的旅行攻略。

3. 使用简洁的语言

在交互过程中要避免使用过于复杂或专业的术语，以确保DeepSeek能够理解问题并给出清晰的答案。

8.3.2 操作实例解析

通过对上述注意事项的掌握，我们可以告知DeepSeek具体的旅行地点、时间、人数等信息，让其基于这些信息给出具体的旅游攻略。

例如，用户可以在DeepSeek的对话框中输入"我想在6月份带父母从南京到成都游玩，父母年龄在55岁左右，身体状况较好，预算控制在1万元左右，请为我们推荐必游景点、特色美食、交通方式以及住宿选择。"点击发送按钮，DeepSeek生成的方案部分如图8-4所示。

> 已深度思考（用时62.19秒）
>
> **成都5天4晚家庭游方案**
> 预算控制：1万元以内（3人） | 时间：6月 | 出发地：南京 | 关键词：轻松、文化、美食
>
> **一、必游景点推荐（兼顾自然与人文）**
> 1. 成都大熊猫繁育研究基地
>   - **特色**：近距离观赏国宝，推荐上午9点前抵达，熊猫活跃度高。
>   - **费用**：55元/人（建议提前购票），观光车30元/人（可选）。
>   - **贴心提示**：园区较大，建议穿舒适运动鞋，备好遮阳伞。
>
> **二、特色美食清单（辣度可控）**
>
> | 类别 | 推荐店铺/菜品 | 人均消费 | 备注 |
> |---|---|---|---|
> | 火锅 | 蜀大侠（太极双滑）、小龙坎（番茄鸳鸯锅） | 80-100元 | 提前告知服务员"微辣" |
> | 川菜 | 馨林餐厅（河渡鱼）、陈麻婆豆腐总店 | 50-70元 | 必点宫保鸡丁、夫妻肺片 |
> | 小吃 | 钟水饺（武侯祠店）、洞子口张老二凉粉 | 15-30元 | 甜水面、红油抄手适合长辈口味 |
>
> **三、交通方案（平衡效率与成本）**
> 1. **大交通**
>   - **南京→成都**：飞机优选（6月淡季机票约600-800元/人往返），飞行时间2.5小时；高铁需10小时+（二等座约800元/人，不推荐）。
>
> **四、住宿建议（位置优先）**
> 1. **春熙路/太古里商圈**
>   - **推荐酒店**：如家商旅（春熙路店）、东方广场假日酒店。
>
> **五、预算总表**
>
> | 项目 | 费用明细 | 合计 |
> |---|---|---|
> | 交通 | 机票4500元 + 市内交通500元 | 5000元 |

图8-4

8.3.3 DeepSeek制作旅游攻略的优势与建议

1. 优势

（1）信息整合能力强

DeepSeek能够快速从海量数据中提取有用信息，如景点推荐、交通方式、美食攻略等，为用户提供全面且详细的个性化旅游规划。这使得用户无须再花费大量时间在各种旅游网站上搜索信息，大大提高了效率。

（2）信息全面清晰

DeepSeek生成的旅行攻略简洁明了、内容全面详尽。它巧妙地运用图表形式，对攻略中的关键信息进行总结与归纳，使得整个旅行规划一目了然，便于用户快速理解和应用。

（3）智能问答功能

在旅行中遇到问题时，用户可以随时向DeepSeek提问，如"附近推荐的美食"或"去某个景点的最佳路线"等，它都能给出及时且准确的回答。

（4）适老化设计

对于中老年用户，DeepSeek能够推荐适合他们的旅游路线，包括沿途的加油站、休息区、特色餐馆等，同时还会给出健康与安全提醒，如针对慢性病患者的适配建议和应急预案等。

2. 建议

①为了获取更全面的信息，用户可以尝试使用不同的关键词进行提问，如"美食""交通""购物"等。

②虽然DeepSeek非常强大，但用户也应该结合其他工具来获取更详细的信息。例如，可以使用地图软件来查看具体的地图和路线信息，或者使用点评软件来了解其他游客的评价和建议。

③旅游计划往往需要根据实际情况进行调整。用户在使用DeepSeek时，可以灵活地对计划进行修改和完善，以确保旅游行程更加符合自己的需求和实际情况。

8.4 辅助投资理财

投资理财对于个人及家庭财务规划至关重要，不仅能提供财务安全保障，应对生活中的突发状况，还能通过合理配置资产实现财富的稳健增长，为未来生活目标如购房、教育、养老等提供资金支持。同时，投资理财还能提升个人的财务管理能力和金融素养，为未来做出更明智的财务决策打下基础。

DeepSeek能够实时抓取并分析全球金融信息，提供前瞻性的投资建议，帮助投资者把握市场趋势和潜在风险。同时，它还能根据投资者的需求和风险偏好，生成专属的投资组合，并实时调整策略。

8.4.1 DeepSeek辅助投资理财的注意事项

1. 利用投资扫盲功能

用户可以先通过DeepSeek进行投资扫盲，系统学习基金、股票、债券等投资工具的基础知识。例如，用户可以告诉DeepSeek"我是一名投资新手，请为我推荐几本入门级投资工具书籍"。

2. 定制个性化投资策略

用户需要明确自己的投资目标（如资产增值、财务自由等）以及风险承受能力（如低风险、中风险、高风险等），并告知DeepSeek自己的投资目标和风险偏好，以及可接受的资金配置比例，方便DeepSeek定制个性化的投资策略。

3. 定期跟踪与调整

DeepSeek能够实时监测市场动态，并根据市场变化调整投资组合。因此，用户可以定期查看DeepSeek提供的投资组合报告，并根据建议进行调整。

8.4.2 操作实例解析

通过对上述注意事项的掌握,我们可以与DeepSeek进行多次交互,让其给出定制化的投资理财建议。

例如,用户可以在DeepSeek的对话框中输入"我是一名零基础学习者,我想知道如何快速入门基金投资?"点击发送按钮,DeepSeek的回答部分如图8-5所示。

作为零基础学习者,想要快速入门基金投资,可以按照以下步骤系统学习并逐步实践:

一、先理解基础概念

1. 基金是什么?

基金是专业机构(基金公司)将众多投资者的钱汇集起来,由基金经理投资股票、债券、货币等标的的理财产品。**优势**是分散风险、门槛低(10元起投)、专业管理。

2. 基金常见类型

二、选择投资平台并开户

1. 平台对比
    - **银行APP**(如招行、工行):操作简单,但费用较高,可选基金较少。
    - **券商APP**(如华泰、中信):可买场内基金(ETF),费用低。

三、制定投资策略(新手关键!)

1. 明确目标和风险偏好
    - 短期(1年内)用钱 → 选货币基金。
    - 中期(1-3年)稳健增值 → 债券基金或"固收+"基金。
    - 长期(3年以上)追求高收益 → 指数基金/优质主动基金。

四、实操步骤:从0到1买第一只基金

1. 筛选优质基金(以支付宝为例)
    - 打开支付宝→理财→基金→基金排行,选择类型(如"股票型")。
    - 筛选指标:
        - 成立时间 > 3年(避开新基金)。

五、持续学习与避坑指南

1. 学习资源推荐
    - 书籍:《指数基金投资指南》(银行螺丝钉)、《共同基金常识》(约翰·博格)。
    - 网站:晨星网(基金评级)、雪球(投资者社区)。

总结:新手快速入门清单

1. 学习基础概念(1天) → 2. 开通支付宝/天天基金账户(0.5小时) → 3. 定投沪深300指数基金(每月500元起) → 4. 每周末花30分钟学习进阶内容。

图8-5

DeepSeek给出回答后,用户可以继续追问"我目前28岁,年薪为15万,风险承受中等,请在分析过去股票基金市场风险情况的基础上,为我出具一份投资理财方案",点击发送按钮,DeepSeek给出的方案部分如图8-6所示。

> 已深度思考(用时59.11秒) ▲
>
> 根据您的年龄、收入水平及风险承受能力,结合近5年资本市场数据(2019-2024年),为您制定以下理财方案:
>
> **一、市场风险分析(2019-2024)**
>
> 1. 波动周期特征
> - 股票型基金年化波动率18%-25%(2019年最低16.5%,2022年最高28.3%)
> - 最大回撤记录:2020年疫情期-34.7%,2022年美联储加息期-29.5%
> - 行业分化明显:新能源(2021年+58%→2023年-41%)、AI(2023年+67%)、消费(年均波动22%)
>
> 2. 风险收益比数据
> - 偏股混合基金近5年年化收益9.8%(标准差19.5)
> - 股债平衡型基金收益6.3%(标准差7.2)
> - 黄金/REITs年化波动率13%-15%,与股债相关性低于0.3
>
> **二、核心投资组合(总资产分配)**
>
> [投资组合比例图](注:此处应显示饼状图,建议按以下比例配置)
>
> 1. 稳健基石(50%)
>
>

图8-6

8.4.3 DeepSeek辅助投资理财的优势

1. 强大的数据处理能力

DeepSeek在整合历史数据、市场新闻、公司财报等多维度信息的基础上,能够处理海量数据,包括历史股价、成交量、财务指标、宏观经济情况等,为投资者提供全面的数据支持,并通过算法生成分析报告、选股策略或风险预警,帮助投资者快速了解投资理财的基本情况。

2. 实时监控与预警

DeepSeek可以实时监控市场动态,一旦发现异常情况可立即发出预警,帮助投资者及时捕捉市场机会或规避风险。

3. 辅助决策

对于信奉"技术炒股"的投资者,DeepSeek可以快速计算均线、布林线等技术指标,生成可视化图表辅助分析,并结合宏观层面的政策、环境与微观层面的基本面（如净利润增长率、负债率等）和技术面（如突破压力位、成交量放大等），综合设定选股规则，筛选出潜在投资标的。

8.5 打造个人形象

在日常社会交往中，人们能够通过整洁得体的外表和专业的行为举止，增强自信，赢得他人的信任和尊重，建立良好的人际关系，并在职场中脱颖而出。个人形象也是个人品位和价值观的体现，能够反映一个人的独特个性和生活态度。

DeepSeek作为一款先进的AI工具，能够根据用户的个人特点和需求，生成个性化的内容，帮助用户快速构建并优化个人形象，让用户可以更加高效地展现自己的独特魅力，吸引更多关注与机会，从而在个人和职业发展中占据优势。

8.5.1 DeepSeek打造个人形象的注意事项

1. 明确个人定位

在使用DeepSeek打造个人形象之前，用户首先要明确自己想要的个人形象定位，如专业、时尚、亲和等，这有助于为DeepSeek提供明确的指导，使之生成更符合用户期望的内容。

2. 提供详细的人物设定

用户需要提供给DeepSeek详细的人物设定，包括性别、年龄、性格、职业背景、兴趣爱好等，这有助于DeepSeek更好地理解个人需求，生成更加个性化的内容。

3. 输入高质量信息

用户需要向DeepSeek提供高质量、准确的信息，以便其生成更具真实性和可信度的内容。

8.5.2 操作实例解析

通过对上述注意事项的掌握,我们可以告知DeepSeek自己的基本信息与人物设定,让其基于这些信息给出具体的个人形象打造方案。

例如,用户可以在DeepSeek的对话框中输入"女,28岁,性格活泼开朗,从事金融行业,请帮我设计一个职场形象",点击发送按钮,DeepSeek的部分回答如图8-7所示。

> 🞮 已深度思考(用时26秒) ▽
>
> 为28岁活泼开朗的金融行业女性设计职场形象时,需兼顾专业性与个性表达,以下为分模块建议:
>
> **一、着装风格:经典干练+活力点缀**
>
> - **核心单品**
>   - 西装:剪裁合身的收腰款(如浅灰、米白、莫兰迪色系),弱化传统深色的严肃感。
>   - 衬衫/针织衫:纯色真丝衬衫(浅蓝、裸粉)或纹理针织(细条纹、暗格纹),增添柔和感。
>
> **四、场景化穿搭示例**
>
> | 场合 | 搭配方案 | 细节亮点 |
> |---|---|---|
> | 客户路演 | 藏青双排扣西装+白真丝衬衫+烟管裤 | 胸针(抽象线条设计) |
> | 内部头脑风暴 | 燕麦色针织套装+同色系阔腿裤 | 玳瑁纹眼镜框 |
> | 周五便装日 | V领针织背心+格纹直筒裙 | 撞色袜靴(酒红+黑) |

图8-7

8.5.3 DeepSeek打造个人形象的优势

1. 精准推荐

DeepSeek的精准推荐,可以为用户减少盲目购买不适合单品的概率,节省时间和金钱;还可以帮助用户重新组合现有衣物,打造新造型,最大化衣橱利用率。

2. 全面细致

DeepSeek根据训练的数据库,了解各行各业的着装规范,能确保推荐方案既专业又不失个性,帮助你在职场中脱颖而出。此外,DeepSeek在从面料选择到色彩搭配上,都能提供细致入微的建议,确保整体形象的协调性和高级感。

8.6 安排生活日程

通过合理规划生活日程,我们可以有效避免浪费时间、增强生活秩序感,有助于我们设定并追求目标、培养自律性、平衡工作与生活、减少决策疲劳。

DeepSeek能够通过深度理解和分析我们的生活习惯、目标及偏好,帮助我们高效规划生活日程。它不仅能自动排序任务的优先级,确保重要事项不被遗漏,还能灵活调整日程安排以适应突发情况,优化时间利用,让生活更加有序且充满效率。

8.6.1 DeepSeek安排生活日程的注意事项

1. 直接表达需求

用户应用简单明了的语言直接表达需求,避免模糊不清或冗长的提问。如果问题比较复杂,用户可以分步骤提问,逐步细化需求,有助于DeepSeek更准确地理解问题并提供解决方案。

2. 利用多种输入方式

DeepSeek支持文字、语音和图片等多种输入方式,用户可以根据自己的喜好和方便程度选择适合的方式提问。例如,用户可以上传其他人的生活日程,让DeepSeek基于此进一步优化日程安排。

3. 激发深度思考

用户可以在提问时加入"请你在回答问题的过程中加入批判性思考"等表

述,激发DeepSeek的深度思考能力,以获得更完善的日程安排建议。

8.6.2 操作实例解析

通过对上述注意事项的掌握,我们可以告知DeepSeek自己的身份以及对每日生活的具体需求,或者上传别人的生活日程,让其基于这些信息给出高效的日程安排方案。

例如,用户可以上传一份日程安排文件到DeepSeek平台,并在DeepSeek的对话框中输入"我是一名金融工作者,每周一至周五9:00至18:00为上班时间,我想利用空闲时间学习相关金融知识提升自己的工作能力。此外,还需要为我安排健身锻炼及其他娱乐生活,可以参考我上传的文档进行安排",点击发送按钮,DeepSeek的部分回答如图8-8所示。

以下是根据您的要求和上传的文档内容制定的日程安排表。这个安排旨在帮助您在工作日利用空闲时间学习金融知识,同时安排健身锻炼和娱乐活动。

时间段	周一至周五	周六	周日
07:00 - 08:00	起床、洗漱、早餐	起床、洗漱、早餐	起床、洗漱、早餐
08:00 - 09:00	晨读/听金融新闻	自由活动(如阅读、散步)	自由活动(如家庭活动)
09:00 - 12:00	上班	休息/自由活动	休息/自由活动
12:00 - 13:00	午休时间学习金融知识	健身锻炼	健身锻炼

图8-8

8.6.3 DeepSeek安排生活日程的优势

1. 高效规划

DeepSeek能智能化地根据用户的生活习惯、目标及偏好,高效规划每日活动,自动排序任务优先级,确保重要事项不被遗漏。

2. 灵活调整

DeepSeek能够灵活调整日程以适应突发情况,确保用户的日程安排既有计划性又不失灵活性。

3. 多功能支持

DeepSeek不仅支持日程管理，还能提供学习资料、解答疑问，甚至能帮助制订学习计划，满足用户多方面的需求。

8.7 制作美食菜谱

中华饮食文化源远流长，承载着文化传承、社交互动和情感联结等多重意义，在特定的文化背景下，美食烹饪更是成为展现地方特色和民族风情的重要途径。很多人想在家自己做出美味佳肴，便离不开对美食菜谱的学习和研究。

DeepSeek能根据用户现有食材和烹饪条件，智能推荐适合的菜品，减少食材浪费，提高烹饪效率。此外，DeepSeek提供的菜谱步骤详细、易于理解，即使是烹饪新手也能轻松上手。

8.7.1 DeepSeek制作美食菜谱的注意事项

1. 明确具体需求

用户在向DeepSeek提问时，要明确自己的需求，包括菜谱类型（如家常菜、减脂餐等）、口味偏好（如辣、酸等）、烹饪时间等，如"我想做一道辣口的家常菜，请帮我提供一份菜品制作方案"。

2. 描述操作细节

用户也可以具体描述想要的菜品，如"请为我提供一份适合上班族的早餐菜谱，制作时间控制在15分钟以内，需要电磁炉操作，附必备厨具与食材清单"。

8.7.2 操作实例解析

通过对上述注意事项的掌握,我们可以告知DeepSeek自己对美食的具体需求,让其基于这些信息生成合适的美食菜谱。

例如,用户可以在DeepSeek的对话框中输入"我现在有火腿肠、青椒、鸡胸肉、牛肉、芹菜、茄子,请帮我用这六样食材规划几个菜品及制作方式",点击发送按钮,DeepSeek的部分回答如图8-9所示。

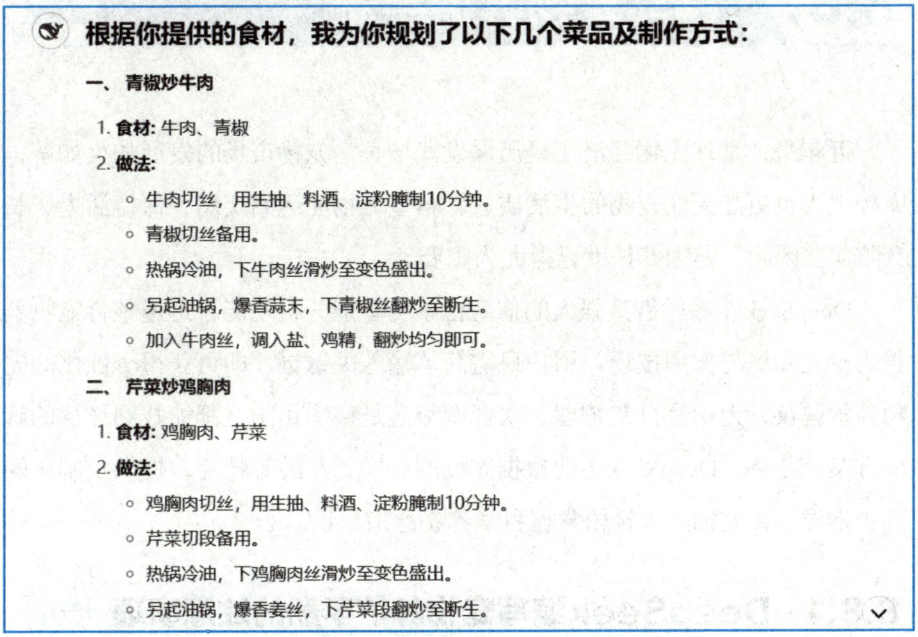

> 根据你提供的食材,我为你规划了以下几个菜品及制作方式:
>
> 一、青椒炒牛肉
>
> 1. **食材:** 牛肉、青椒
> 2. **做法:**
>   - 牛肉切丝,用生抽、料酒、淀粉腌制10分钟。
>   - 青椒切丝备用。
>   - 热锅冷油,下牛肉丝滑炒至变色盛出。
>   - 另起油锅,爆香蒜末,下青椒丝翻炒至断生。
>   - 加入牛肉丝,调入盐、鸡精,翻炒均匀即可。
>
> 二、芹菜炒鸡胸肉
>
> 1. **食材:** 鸡胸肉、芹菜
> 2. **做法:**
>   - 鸡胸肉切丝,用生抽、料酒、淀粉腌制10分钟。
>   - 芹菜切段备用。
>   - 热锅冷油,下鸡胸肉丝滑炒至变色盛出。
>   - 另起油锅,爆香姜丝,下芹菜段翻炒至断生。

图8-9

8.7.3 DeepSeek制作美食菜谱的优势

1. 个性化定制

DeepSeek能够根据用户的口味偏好、饮食需求(如减脂、增肌、素食等)以及现有食材,智能推荐符合个人喜好的菜谱。

2. 高效便捷

通过智能算法,DeepSeek能够快速分析并生成菜谱,大大节省了用户查找和筛选菜谱的时间。同时，DeepSeek会给出详细的烹饪步骤和技巧指导，让烹饪过程更加顺畅、高效。

3. 创新多样

DeepSeek能够不断学习和更新菜谱库，为用户提供新颖、独特的菜品选择，让餐桌上的美食永远充满惊喜。

8.8 编写宠物养护手册

近年来，全球宠物经济正经历爆发式增长，宠物市场的发展如火如荼，宠物主人也更加关注宠物的生活质量，希望宠物能远离疾病、保持活力、长久陪伴。因此，宠物养护就显得尤为重要。

DeepSeek能够凭借其强大的信息检索与智能分析功能，迅速整合宠物养护的专业知识与实用技巧。用户只需简单输入关键词，即可获得个性化的宠物养护建议，无论是日常护理、饮食调配还是疾病预防，都能找到详尽的解决方案。此外，DeepSeek还能根据宠物的种类、年龄等特征，提供定制化的养护指导，让宠物主人轻松掌握科学养护之道。

8.8.1 DeepSeek编写宠物养护手册的注意事项

1. 明确手册目标受众

在提问中要明确手册的受众对象是谁，如果是宠物主人，提问内容则是养护建议；如果是宠物新手，则应提问基础养护知识和常见问题解决方案。

2. 提供信息要全面

用户在提问时，应尽量将宠物的基本信息填写全面，包括宠物的种类、习性、常见品种等。

3. 提问内容要具体

提问内容应尽量具体细致，包括日常护理、健康管理、行为训练等方面。

8.8.2 操作实例解析

通过对上述注意事项的掌握，我们可以告知DeepSeek宠物的具体信息以及要咨询的具体内容，让其基于这些信息编写定制化的宠物养护手册。

例如，用户可以在DeepSeek的对话框中输入"我有一只萨摩耶狗狗，今年3岁，性格活泼好动，请帮我从日常护理、健康管理、行为训练等方面编写一本宠物养护手册"，点击发送按钮，DeepSeek的部分回答如图8-10所示。

🐾 **萨摩耶狗狗养护手册（3岁，活泼好动）**

一、日常护理

1.1 毛发护理

- **每日梳理**：使用针梳或排梳，顺着毛发方向梳理，去除死毛和污垢，防止打结。特别注意梳理腋下、腹部、臀部等容易打结的部位。
- **定期修剪**：每6-8周进行一次专业修剪，保持毛发整洁美观，并修剪脚底毛，防止打滑。
- **季节性换毛**：萨摩耶每年会有两次换毛期，需要更加频繁地梳理，帮助去除死毛，促进新毛生长。

1.2 口腔护理

- **每日刷牙**：使用宠物专用牙刷和牙膏，清洁牙齿，预防牙结石和牙龈疾病。
- **洁牙玩具**：提供洁牙玩具，帮助狗狗磨牙清洁牙齿。
- **定期检查**：定期检查狗狗口腔，发现问题及时就医。

1.7 驱虫

- **体外驱虫**：每月一次，使用滴剂或喷剂，预防跳蚤、虱子、蜱虫等体外寄生虫。
- **体内驱虫**：每3个月一次，使用口服驱虫药，预防蛔虫、绦虫等体内寄生虫。

二、健康管理

2.1 饮食管理

- **优质狗粮**：选择营养均衡的优质狗粮，根据狗狗年龄、体重和活动量选择合适的喂食量。
- **定时定量**：每天定时定量喂食，避免暴饮暴食。
- **充足饮水**：提供充足的清洁饮水。
- **零食控制**：控制零食摄入量，避免肥胖。

图8-10

8.8.3　DeepSeek编写宠物养护手册的优势

1. 个性化与定制化服务

DeepSeek能够基于宠物的种类、年龄、健康状况以及宠物主人的偏好和需求，提供个性化的养护建议。这种定制化的服务使得宠物养护更加精准和有效，可以满足不同宠物和宠物主人的独特需求。

2. 全面性与便捷性

DeepSeek提供的宠物养护手册和信息涵盖了宠物的日常护理、饮食管理、运动训练、心理健康等多个方面，确保宠物得到全方位的照顾。

3. 智能化与健康管理

结合可穿戴设备和实时监测技术，DeepSeek能够收集和分析宠物的健康数据、行为数据等，预测宠物的健康风险，为宠物主人提供更加科学、准确的养护指导。